高等职业院校精品教材系列

单片机技术应用
（C 语言+仿真版）

杨 华　王雪丽　主　编

赵 丽　宫丽男　副主编

電子工業出版社·

Publishing House of Electronics Industry

北京·BEIJING

内 容 简 介

本书结合当前的职业教育改革要求，采用项目教学、任务驱动方式进行编写，主要介绍单片机硬件系统、单片机开发系统软件、单片机并行端口应用、定时与中断系统、显示与键盘接口技术、A/D 与 D/A 转换接口、串行接口通信技术、单片机系统扩展以及单片机应用系统设计等内容。本书注重学生技能训练，通过 20 个项目任务开展教学，每个教学环节包括任务分析、电路设计、软件程序设计、仿真结果和任务小结，将理论知识贯穿于任务实施中，任务内容全部通过仿真实验，程序完整，知识全面，具有很强的简洁性、清晰性、操作性和可读性。

本书可作为高等职业，本、专科院校单片机课程的教材，也可作为开放大学、成人教育、自学考试、中职学校和培训班的教材，以及电子工程技术人员的参考手册。

本教材配有免费的电子教学课件、习题参考答案、仿真电路等，详见前言。

图书在版编目（CIP）数据

单片机技术应用：C 语言+仿真版 / 杨华，王雪丽主编. —北京：电子工业出版社，2017.8（2022.7 重印）
高等职业院校精品教材系列
ISBN 978-7-121-31916-7

Ⅰ．①单…　Ⅱ．①杨…　②王…　Ⅲ．①单片微型计算机－高等学校－教材　Ⅳ．①TP368.1

中国版本图书馆 CIP 数据核字（2017）第 137091 号

策划编辑：陈健德（E-mail:chenjd@phei.com.cn）
责任编辑：裴　杰
印　　刷：北京七彩京通数码快印有限公司
装　　订：北京七彩京通数码快印有限公司
出版发行：电子工业出版社
　　　　　北京市海淀区万寿路 173 信箱　邮编　100036
开　　本：787×1 092　1/16　印张：14　字数：358.4 千字
版　　次：2017 年 8 月第 1 版
印　　次：2023 年 1 月第 11 次印刷
定　　价：42.00 元

凡所购买电子工业出版社图书有缺损问题，请向购买书店调换。若书店售缺，请与本社发行部联系，联系及邮购电话：（010）88254888，88258888。

质量投诉请发邮件至 zlts@phei.com.cn，盗版侵权举报请发邮件至 dbqq@phei.com.cn。

本书咨询联系方式：chenjd@phei.com.cn。

前　言

近年来，随着单片机技术的飞速发展，单片机课程逐渐成为高等职业院校许多专业的核心课程，其涉及知识面广，技术应用范围宽，动手能力强，学生的学习热情度高。本书结合当前的职业教育改革要求，采用项目教学、任务驱动方式进行编写。

全书分为 8 个项目，介绍单片机硬件系统、单片机开发系统、单片机并行端口应用、定时与中断系统、显示与键盘接口技术、A/D 与 D/A 转换接口、串行接口通信技术、单片机系统扩展，以及单片机应用系统设计等内容。本书注重学生技能训练，通过 20 个项目任务开展教学，每个教学环节包括任务分析、电路设计、软件程序设计、仿真结果和任务小结，将理论知识贯穿于任务实施中，任务内容全部通过仿真实验，程序完整，知识全面，具有很强的简洁性、清晰性、操作性和可读性。

本书由长春职业技术学院杨华、王雪丽担任主编并统稿，赵丽、宫丽男担任副主编。其中项目 1 由于周男老师编写，项目 2 由关越老师编写，项目 3 由王雪丽老师编写，项目 4 中任务 4-1、任务 4-2、任务 4-3 由宫丽男老师编写，项目 4 中任务 4-4、任务 4-5 由杨华老师编写，项目 5 由吕国策老师编写，项目 6 由杨华老师编写，项目 7 由高锐老师编写，项目 8 中任务 8-1、任务 8-2 由白冰老师编写，项目 8 中任务 8-3、任务 8-4、任务 8-5 由赵丽老师编写。

本书在编写过程中参考了多位同行老师的著作和资料，在此一并表示感谢。

为了方便教师教学，本书配有电子教学课件、习题参考答案、仿真电路等教学资源，请有此需要的教师登录华信教育资源网 (http://www.hxedu.com.cn) 免费注册后进行下载，有问题时请在网站留言或与电子工业出版社联系 (E-mail: hxedu@phei.com.cn)。

由于作者水平有限，书中难免有缺点和疏漏之处，恳请读者提出宝贵意见。

编者

2017 年 5 月

目 录

项目 1
单片机基础及最小系统设计

本项目通过单片机单灯闪烁控制的设计与仿真，让学生掌握单片机的概念、单片机外部引脚及其功能、单片机内部结构、单片机最小系统以及单片机储存器结构等基本知识，并通过仿真实验使学生更快地对单片机建立起感性认识。

知识重点	1. 单片机的概念
	2. 单片机外部引脚及其功能
	3. 单片机内部结构
	4. 单片机最小系统
	5. 单片机储存器结构
知识难点	单片机储存结构
建议学时	10 学时
教学方式	从具体任务入手，通过彩灯控制器、开关状态显示电路和汽车转向控制器系统的设计与仿真，掌握对单片机并行 I/O 端口的应用，C51 结构化程序设计方法
学习方法	讨论法　动手实操法　理解例程→修改例程→编写新例程

任务 1-1　单灯闪烁控制设计及仿真

1. 任务分析

为了更好、更快地学习和掌握单片机的相关基本知识，我们在学习之初为学生设计了一个简单的单片机仿真实验——单灯闪烁控制设计与仿真。本任务要求采用 51 单片机控制一个发光二极管进行闪烁，通过本实验让学生初步掌握 51 单片机的概念、引脚及其功能等基本知识，让学生认识单片机最小系统及其作用，并学习单片机的存储器结构。

2. 电路设计

单灯闪烁控制硬件电路如图 1-1 所示。一个发光二极管正极通过限流电阻连接到+5V 电源，P1.0 引脚控制这个发光二极管负极，当 P1.0 口引脚输出为低电平时，发光二极管点亮，当 P1.0 口引脚输出为高电平时，对应的发光二极管熄灭，P1.1 引脚高低电平交替输出，这个发光二极管就可以实现闪烁显示。根据图 1-1 绘制仿真硬件电路图。

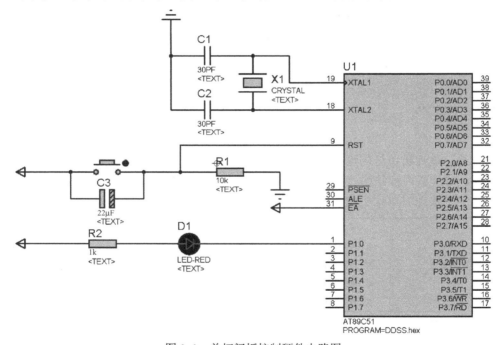

图 1-1　单灯闪烁控制硬件电路图

3. 软件程序设计

本仿真要实现的功能比较简单，对 P1.0 引脚的高低电平状态进行交互控制就可以实现我们要的仿真现象。首先我们需要利用 sbit 语句对 P1^0 引脚进行定义，定义的名称为 P1_0，之后对 P1_0 进行赋值，当 P1_0 赋值为 0 的时候，P1_0 引脚处于低电平状态，发光二极管点亮，当 P1_0 赋值为 1 的时候，P1_0 引脚处于高电平状态，发光二极管熄灭，在点亮和熄灭状态中间加上延迟函数，就达到了我们想要的闪烁状态。

设计的程序如下：

```
#include<reg51.h>                //预处理命令，定义51单片机各寄存器的存储器映射
```

```
sbit P1_0=P1^0;                    //定义引脚
void delay (unsigned char i);      //延时函数
void main()                        //主程序
{
while(1)                           //无限循环语句
{
P1_0=0;                            //使 P1.0 引脚为低电平，发光二极管点亮
delay(20);                         //延时
P1_0=1;                            //使 P1.0 引脚为高电平，发光二极管熄灭
delay(20);                         //延时
}
}
void delay( unsigned char i)       //延时子程序
{
unsigned  char  j,k;               //定义两个无符号变量 j、k
for(k=0;k<i;k++)                   //循环语句
for(j=0;j<255;j++);                //循环语句
}
```

4．仿真结果

将 Keil 软件编译生成的十六进制文件加载到芯片中。单击"运行"按钮，启动系统仿真，发光二极管 D1 点亮、熄灭状态进行交替，实现闪烁。

5．任务小结

本任务利用 51 单片机的引脚功能，实现了单个发光二极管闪烁的功能，试验虽然简单，但能使学生较快地对 51 单片机熟悉起来，从而掌握 51 单片机的相关基础知识，为后续的课程学习打下良好基础。

相关知识

1.1　单片机的概念、发展及应用

单片微型计算机（Microcontroller）简称为单片机。它是微型计算机发展中的一个重要分支，它以其独特的结构和性能，越来越广泛地应用于工业、农业、国防、网络、通信以及人们的日常工作、生活中。单片机由芯片内仅有 CPU 的专用处理器发展而来。最早的设计理念是通过将大量外围设备和 CPU 集成在一个芯片中，使计算机系统更小，更容易集成进复杂的而对体积要求严格的控制设备当中。Intel 的 Z80 是最早按照这种思想设计出的处理器，从此以后，单片机和专用处理器的发展便分道扬镳。

1．单片机的概念

单片机是在一块芯片上集成了中央处理部件（CPU）、存储器（RAM、ROM）、定时器/计数器和各种输入/输出（I/O）接口（如并行 I/O 口、串行 I/O 口和 A/D 转换器）等。由于

单片机通常是为实时控制应用而设计制造的，因此，又称为微控制器（MCU）。

2. 单片机的发展

单片机自问世以来，性能不断提高和完善，其资源不仅能满足很多应用场合的需要，而且具有集成度高、功能强、速度快、体积小、功耗低、使用方便、性能可靠、价格低廉等特点，因此，在工业控制、智能仪器仪表、数据采集和处理、通信系统、网络系统、汽车工业、国防工业、高级计算器具、家用电器等领域的应用日益广泛，并且正在逐步取代现有的多片微机应用系统，单片机的潜力越来越被人们所重视。特别是当前用 CMOS 工艺制成的各种单片机，由于功耗低，使用的温度范围大、抗干扰能力强、能满足一些特殊要求的应用场合，更加扩大了单片机的应用范围，也进一步促进了单片机技术的发展。

自 1976 年 9 月 Intel 公司推出 MCS-48 单片机以来，单片机就受到了广大用户的欢迎。因此，有关公司都争相推出各自的单片机。如 GI 公司推出 PIC1650 系列单片机，Rockwell 公司推出了与 6502 微处理器兼容的 R6500 系列单片机。它们都是 8 位机，片内有 8 位中央处理器（CPU）、并行 I/O 口、8 位定时器/计数器和容量有限的存储器（RAM、ROM）以及简单的中断功能。

1978 年下半年 Motorola 公司推出 M6800 系列单片机，Zilog 公司相继推出 Z8 单片机系列。1980 年 Intel 公司在 MCS-48 系列基础上又推出了高性能的 MCS-51 系列单片机。这类单片机均带有串行 I/O 口，定时器/计数器为 16 位，片内存储容量（RAM、ROM）都相应增大，并有优先级中断处理功能，单片机的功能、寻址范围都比早期的扩大了，它们是当时单片机应用的主流产品。

1982 年 Mostek 公司和 Intel 公司先后又推出了性能更高的 16 位单片机 MK68200 和 MCS-96 系列，NS 公司和 NEC 公司也分别在原有 8 位单片机的基础上推出了 16 位单片机 HPC16040。1987 年 Intel 公司又宣布了性能比 8096 高两倍的 CMOS 型 80C196，1988 年推出带 EPROM 的 87C196 单片机。由于 16 位单片机推出的时间较迟、价格昂贵、开发设备有限等多种原因，至今还未得到广泛应用。而 8 位单片机已能满足大部分应用的需要，因此，在推出 16 位单片机的同时，高性能的新型 8 位单片机也不断问世。如 Motorola 公司推出了带 A/D 和多功能 I/O 的 68MC11 系列，Zilog 公司推出了带有 DMA 功能的 Super8，Intel 公司在 1987 年也推出了带 DMA 和 FIFO 的 UPI-452 等。目前国际市场上 8 位、16 位单片机系列已有很多，但是，在国内使用较多的系列是 Intel 公司的产品，其中又以 MCS-51 系列单片机应用尤为广泛，二十几年经久不衰，而且还在更进一步发展完善，价格越来越低，性能越来越好。

3. 单片机的应用

1）在智能仪器仪表上的应用

单片机具有体积小、功耗低、控制功能强、扩展灵活、微型化和使用方便等优点，广泛应用于仪器仪表中，结合不同类型的传感器，可实现诸如电压、功率、频率、湿度、温度、流量、速度、厚度、角度、长度、硬度、元素、压力等物理量的测量。采用单片机控制使得仪器仪表数字化、智能化、微型化，且功能比起采用电子或数字电路更加强大。例如精密的测量设备（功率计、示波器、各种分析仪）。

2）在工业控制中的应用

用单片机可以构成形式多样的控制系统、数据采集系统。例如工厂流水线的智能化管理、电梯智能化控制、各种报警系统、与计算机联网构成二级控制系统等。

3）在家用电器中的应用

可以这样说，现在的家用电器基本上都采用了单片机控制，从电饭煲、洗衣机、电冰箱、空调机、彩电，以及其他音响视频器材，再到电子秤量设备，五花八门，无所不在。

4）在计算机网络和通信领域中的应用

现代的单片机普遍具备通信接口，可以很方便地与计算机进行数据通信，为在计算机网络和通信设备间的应用提供了极好的物质条件，现在的通信设备基本上都实现了单片机智能控制，从手机、固定电话机、小型程控交换机、楼宇自动通信呼叫系统、列车无线通信，再到日常工作中随处可见的移动电话、集群移动通信、无线电对讲机等。

5）单片机在医用设备领域中的应用

单片机在医用设备中的用途亦相当广泛，例如医用呼吸机、各种分析仪、监护仪、超声诊断设备及病床呼叫系统等。

6）在各种大型电器中的模块化应用

某些专用单片机设计用于实现特定功能，从而在各种电路中进行模块化应用，而不要求使用人员了解其内部结构。如音乐集成单片机，看似简单的功能，微缩在纯电子芯片中（有别于磁带机的原理），就需要复杂的类似于计算机的原理。例如，音乐信号以数字的形式存于存储器中（类似于 ROM），由微控制器读出，转化为模拟音乐电信号（类似于声卡）。在大型电路中，这种模块化应用极大地缩小了体积，简化了电路，降低了损坏、错误率，也方便更换。

7）单片机在汽车设备领域中的应用

单片机在汽车电子中的应用非常广泛，例如汽车中的发动机控制器、基于 CAN 总线的汽车发动机智能电子控制器、GPS 导航系统、ABS 防抱死系统、制动系统等。

1.2 单片机引脚及结构

在了解单片机是什么，发展的历程以及实际应用情况之后，我们要对单片机的引脚以及内部结构进行学习。掌握单片机的内部结构和外部引脚，是学好单片机技术应用必备的基础。

1.2.1 8051 单片机的基本组成

8051 是 MCS-51 系列单片机的典型芯片，其他型号除了程序存储器结构不同外，其内部结构完全相同，引脚完全兼容，这里以 8051 为例子，介绍 MCS-51 系列单片机的内部组成及信号引脚。8051 的内部结构组成如图 1-2 所示。

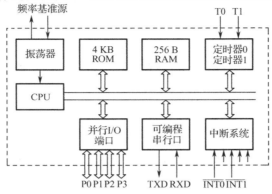

图 1-2　8051 单片机的内部组成

1. 中央处理器（CPU）

中央处理器是单片机的核心部件，主要完成单片机的运算和控制功能，主要包括两个部分：

（1）运算器。包括算术逻辑单元 ALU、布尔处理器、累加器 ACC、寄存器 B、暂存器 TMP1 和 TMP2、程序状态字 PSW 寄存器及十进制调整电路等。

（2）控制器。包括定时控制逻辑、指令寄存器、译码器以及信息传送控制部件等，以实现控制功能。

2. 内部数据存储器（Random Access Memory）

数据存储器又称为随机存储器，用于存放数据。在单片机内部有 256 个 RAM 单元来存放可读写的数据，其中，后 128 个单元被专用寄存器占用。作为寄存器供用户使用的只是前 128 个单元，称为内部数据存储器。

3. 内部程序存储器 ROM（Read-only Memory）

程序存储器又称为只读存储器，用于存放程序指令、常数及数据表格。8051 内部共有 4KB 掩膜 ROM，只能读不能写，掉电后数据不会丢失，用于存放程序或程序运行过程中不会改变的原始数据。

4. 并行 I/O 口

8051 内部有 4 个 8 位的并行 I/O 端口，称为 P0、P1、P2、P3。可以实现数据并行输入输出。

5. 全双工串行口

8051 单片机还有一个全双工的串行口，以实现单片机与外部之间的串行数据传送。

6. 定时器/计数器

8051 单片机内部有 2 个 16 位的定时器/计数器，用于实现内部定时或外部计数的功能；并以其定时或计数的结果（查询或中断方式）来实现控制功能。

7. 中断系统控制器

8051 单片机具有中断功能，以满足控制应用的需要。MCS-51 共有 5 个中断源（52 系

列有 6 个中断源），即外部中断 2 个，定时器/计数器中断 2 个，串行口中断 1 个。全部中断可分为高级和低级两个优先级别。

8. 时钟电路

8051 内部有时钟电路，只需要外接石英晶体和微调电容即可，晶振频率通常选择 6 MHz 和 12 MHz。

1.2.2　8051 单片机的引脚定义及功能

8051 单片机采用标准 40 引脚双列直插式封装，其引脚排列如图 1-3 所示。

1. P0 口（32～39 脚）

32～39 脚可作为与外部传送数据的 8 位数据总线（D0～D7），也可作为扩展外部存储器时的低 8 位地址总线（A0～A7）。

2. P1 口（1～8 脚）

1～8 脚可作为普通 I/O 口使用，无须外接上拉电阻。

3. P2 口（21～28 脚）

P2 口有两种使用方法，一是作为普通 I/O 口使用，无须外接上拉电阻，二是作为扩展外部存储器时的高 8 位地址总线（A8～A15）。

4. P3 口（10～17 脚）

P3 口作为普通 I/O 口使用，无须外接上拉电阻。

5. VCC（40 脚）

VCC 接+5 V 电源，为单片机供电。

6. GND（20 脚）

GND 为接地端。

7. XTAL1（19 脚）和 XTAL2（18 脚）

XTAL1 和 XTAL2 为接外部石英晶振的引脚，也可引入外部时钟。

8. RESET（9 脚）

RESET 为复位信号引脚。必须在此引脚上出现两个机器周期的高电平，才能保证单片机可靠地复位。

9. PSEN（29 脚）

$\overline{\text{PSEN}}$ 为外部程序存储器的读选通信号端。在读外部 ROM 时，$\overline{\text{PSEN}}$ 有效（低电平），以实现对外部程序存储器的读操作。

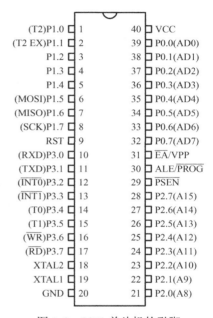

图 1-3　8051 单片机的引脚

10. ALE/$\overline{PROG}$ （30 脚）

ALE/$\overline{PROG}$ 为地址锁存允许信号端。当访问外部存储器时，ALE（允许地址锁存）的输出，用于锁存地址的低 8 位。当不访问外部存储器时，ALE 端仍以不变的频率周期性地输出脉冲信号，此频率为石英晶振振荡频率的 1/6。因此，它可用作对外输出的时钟或用于定时。在单片机写入程序时，此引脚用于输入编程脉冲（$\overline{PROG}$）。

11. $\overline{EA}$ （31 脚）

$\overline{EA}$ 为访问程序存储器选择控制信号。当 $\overline{EA}$ 信号接低电平时，对 ROM 的读操作（执行程序）限定在外部程序存储器；当 $\overline{EA}$ 接高电平时，对 ROM 的读操作（执行程序）从内部开始。

1.2.3 P3 口的特殊功能

由于工艺及标准化等原因，芯片引脚数目是有限的，为了满足实际需要，部分引脚被给予双重的功能，最常用的是 8 个 P3 口所提供的第二功能，如表 1-1 所示。

表 1-1 P3 口引脚的第二功能

引　　脚	特殊功能符号	功 能 说 明
10	P3.0/RXD	串行数据输入端
11	P3.1/TXD	串行数据输出端
12	P3.2/$\overline{INT0}$	外部中断 0 申请信号
13	P3.3/$\overline{INT0}\backslash\overline{INT1}$	外部中断 1 申请信号
14	P3.4/T0	定时器/计数器 T0 计数输入端
15	P3.5/T1	定时器/计数器 T1 计数输入端
16	P3.6/WR	外部数据 RAM 写控制信号
17	P3.7/RD	外部数据 RAM 读控制信号

1.3 单片机最小系统

单片机的最小系统就是让单片机能正常工作并发挥其功能时所必需的组成部分，也可理解为是用最少的元件组成的单片机可以工作的系统。

1. 单片机时钟电路

单片机系统中的各个部分是在一个统一的时钟脉冲控制下有序地进行工作，时钟电路是单片机系统最基本、最重要的电路。

MCS-51 单片机内部有一个高增益反相放大器，引脚 XTAL1 和 XTAL2 分别是该放大器的输入端和输出端，如果引脚 XTAL1 和 XTAL2 两端跨接上晶体振荡器（晶振）或陶瓷振荡器就构成了稳定的自激振荡电路，该振荡电路的输出可直接送入内部时序电路。MCS-51 单片机的时钟可由两种方式产生，即内部时钟方式和外部时钟方式。

1）内部时钟方式

内部时钟方式是由单片机内部的高增益反相放大器和外部跨接的晶振、微调电容构成时钟电路产生时钟的方法。内部时钟电路如图 1-4 所示，外接晶振（陶瓷振荡器）时，C1、C2 的值通常选择为 20～30 pF 之间；C1、C2 对频率有微调作用，晶振或陶瓷谐振器的频率范围可在 1.2 MHz～12 MHz 之间选择。为了减小寄生电容，更好地保证振荡器稳定、可靠地工作，振荡器和电容应尽可能安装得与单片机引脚 XTAL1 和 XTAL2 靠近一些。由于内部时钟方式的外部电路接线简单，单片机应用系统中大多采用这种方式。内部时钟方式产生的时钟信号的频率就是晶振的固有频率，常用 f_{osc} 来表示。如选择 12 MHz 晶振，则 $f_{osc}=12×1\,000\,000$ Hz。

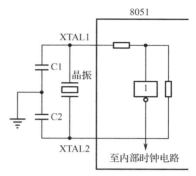

图 1-4　内部时钟电路

2）外部时钟方式

外部时钟方式即完全用单片机外部电路产生时钟的方法，外部电路产生的时钟信号被直接接到单片机的 XTAL1 引脚，此时 XTAL2 引脚开路。

3）基本时序单位

（1）振荡周期：晶振的振荡周期，又称时钟周期，为最小的时序单位。

（2）状态周期：振荡频率经单片机内的二分频器分频后提供给片内 CPU 的时钟周期。因此，一个状态周期包含 2 个振荡周期。

（3）机器周期（MC）：1 个机器周期由 6 个状态周期及 12 个振荡周期组成。是计算机执行一种基本操作的时间单位。

（4）指令周期：执行一条指令所需的时间。一个指令周期由 1～4 个机器周期组成，依据指令不同而不同。

4 种时序单位中，振荡周期和机器周期是单片机内计算其他时间值（例如波特率、定时器的定时时间等）的基本时序单位。

例如单片机外接晶振频率 12 MHz 时的各种时序单位：

振荡周期=$1/f_{osc}=1/12$ MHz=0.083 3 μs

状态周期=$2/f_{osc}=2/12$ MHz=0.167 μs

机器周期=$12/f_{osc}=12/12$ MHz=1 μs

指令周期=（1～4）机器周期=1～4 μs

2. 单片机复位电路

复位操作则使单片机的片内电路初始化，使单片机从一种确定的状态开始运行。复位操作通常有上电复位和开关复位 2 种基本形式。上电复位要求接通电源后，自动实现复位。当 MCS-51 系列单片机的复位引脚 RST 出现两个机器周期以上的高电平时，单片机就完成了复位操作。如果 RST 持续为高电平，单片机就处于循环复位状态。上电复位电路如图 1-5 所示。

开关复位要求在电源接通的条件下，在单片机运行期间，用按钮开关操作使单片机复位。开关复位电路如图 1-6 所示。

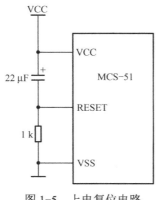
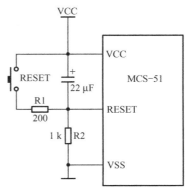

图 1-5 上电复位电路 　　　　　　　　图 1-6 开关复位电路

1.4 单片机存储器结构

存储器是计算机的重要硬件之一，单片机存储器结构有两种类型：一种是程序存储器和数据存储器统一编址，属于普林斯顿结构，另一种是程序存储器和数据存储器分开编址的哈佛结构。MCS-51 采用的是哈佛结构。

1.4.1 8051 系列存储器结构

（1）物理空间有四个部分：内部数据存储器（256B SRAM）、外部扩展数据存储器（最大 64 KB RAM）、内部程序存储器（4 KB Flash ROM AT89S51）、外部扩展程序存储器（最大 64 KB RAM）。

（2）逻辑空间有三个部分：64 KB 片内片外统一编址的程序存储器、256 B 片内数据存储器、64 KB 片外数据存储器。

1.4.2 数据储存器

数据存储器是采用了静态随机存储器（SRAM）的结构，掉电信息丢失，故用于暂存数据及运算的中间结果。

1. 内部数据存储器的结构

内部数据储存器由工作寄存器区、位寻址区、用户区三部分组成，地址范围 00H～7FH，共 128 个单元，结构如图 1-7 所示。用户对这些单元的访问，可以用"直接寻址"的方法。指令中直接给出操作数所在单元地址的这种寻址方式称为"直接寻址"。

1）工作寄存器区（00H～1FH）

工作寄存器区共 32 个单元，分为 4 组，每组 8 个单元，都用 R0～R7 表示，如图 1-8 所示。

各寄存器对应的地址如图 1-9 所示。

图 1-7　内部数据存储器结构　　　图 1-8　工作寄存器区

2FH	7FH	7EH	7DH	7CH	7BH	7AH	79H	78H
2EH	77H	76H	75H	74H	73H	72H	71H	70H
2DH	6FH	6EH	6DH	6CH	6BH	6AH	69H	68H
2CH	67H	66H	65H	64H	63H	62H	61H	60H
2BH	5FH	5EH	5DH	5CH	5BH	5AH	59H	58H
2AH	57H	56H	55H	54H	53H	52H	51H	50H
29H	4FH	4EH	4DH	4CH	4BH	4AH	49H	48H
28H	47H	46H	45H	44H	43H	42H	41H	40H
27H	3FH	3EH	3DH	3CH	3BH	3AH	39H	38H
26H	37H	36H	35H	34H	33H	32H	31H	30H
25H	2FH	2EH	2DH	2CH	2BH	2AH	29H	28H
24H	27H	26H	25H	24H	23H	22H	21H	20H
23H	1FH	1EH	1DH	1CH	1BH	1AH	19H	18H
22H	17H	16H	15H	14H	13H	12H	11H	10H
21H	0FH	0EH	0DH	0CH	0BH	0AH	09H	08H
20H	07H	06H	05H	04H	03H	02H	01H	00H

图 1-9　寄存器对应地址

2）位寻址区（20H～2FH）

这 16 个 RAM 单元具有双重功能。它们既可以像普通 RAM 单元一样按字节存取，也可以对每个 RAM 单元中的任何一个二进制位单独存取，这就是位寻址（bit），80C51 单片机为这些区域专门设置了位处理器（一个 1 位的 CPU），用于这些空间的访问，如表 1-2 所示。

表 1-2　位地址表

工作寄存器组	地　　　址	寄存器名	RS1	RS0
0 组	00H～07H	R0～R7	0	0
1 组	08H～0FH	R0～R7	0	1
2 组	10H～17H	R0～R7	1	0
3 组	18H～1FH	R0～R7	1	1

2. 外部数据存储器

当内部数据存储器不够用时，在单片机的外总线上可以最大扩展 64 KB 的 RAM，可独立寻址，不能用于数据的运算及处理，用于一般数据的存放，地址为 0000H～FFFFH。寻址方式采用寄存器间接寻址的方式，用于访问外部数据存储器和程序存储器，一般用于存放的是外部数据存储器和程序存储器的地址（外部数据存储器的地址也是 16 位）。外部数据存储器结构如图 1-10 所示。

3. 特殊功能寄存器（SFR）

80C51 系列单片机内的锁存器、定时器、串行口、数据缓冲器

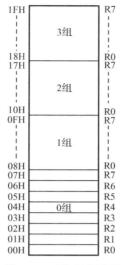

图 1-10　外部数据存储器结构

及各种控制寄存器、状态寄存器都以特殊功能寄存器（SFR）的形式出现，它们离散地分布在高 128 位片内 RAM80H～FFH 中。51 子系列共有 18 个特殊功能寄存器，占用 21 个单元，其余 107 个单元用户不好使用。SFR 地址映像表如表 1-3 所示。

表 1-3　SFR 地址映像表

SFR 名称	符号	位地址 / 位定义名 / 位编号								字节地址
		D7	D6	D5	D4	D3	D2	D1	D0	
寄存器 B	B	F7H	F6H	F5H	F4H	F3H	F2H	F1H	F0H	F0H
累加器 A	ACC	E7H	E6H	E5H	E4H	E3H	E2H	E1H	E0H	E0H
		ACC.7	ACC.6	ACC.5	ACC.4	ACC.3	ACC.2	ACC.1	ACC.0	
程序状态字	PSW	D7H	D6H	D5H	D4H	D3H	D2H	D1H	D0H	D0H
		CY	AC	F0	RS1	RS0	0V	F1	P	
		PSW.7	PSW.6	PSW.5	PSW.4	PSW.3	PSW.2	PSW.1	PSW.0	
中断优先级控制	IP	BFH	BEH	BDH	BCH	BBH	BAH	B9H	B8H	B8H
				PS	PT1	PX1	PT0	PX0		
I/O 端口 3	P3	B7H	B6H	B5H	B4H	B3H	B2H	B1H	B0H	B0H
		P3.7	P3.6	P3.5	P3.4	P3.3	P3.2	P3.1	P3.0	
中断允许控制	IE	AFH	AEH	ADH	ACH	ABH	AAH	A9H	A8H	A8H
		EA			ES	ET1	EX1	ET0	EX0	
I/O 端口 2	P2	A7H	A6H	A5H	A4H	A3H	A2H	A1H	A0H	A0H
		P2.7	P2.6	P2.5	P2.4	P2.3	P2.2	P2.1	P2.0	
串行数据	SUBF									99H
串行控制寄存器	SCON	9FH	9EH	9DH	9CH	9BH	9AH	99H	98H	98H
		SM0	SM1	SM2	REN	TB8	RB8	TI	RI	
I/O 端口 1	P1	97H	96H	95H	94H	93H	92H	91H	90H	90H
		P1.7	P1.6	P1.5	P1.4	P1.3	P1.2	P1.1	P1.0	
T1（高 8）	TH1									8DH
T0（高 8）	TH0									8CH
T1（低 8）	TL1									8DH
T0（低 8）	TL0									8AH
定时器/计数器方式选择	TMOD	GATE	C/T	M1	M0	GATE	C/T	M1	M0	89H
定时器/计数器控制	TCON	8FH	8EH	8DH	8CH	8BH	8AH	89H	88H	88H
		TF1	TR1	TF0	TR0	IE1	IT1	IE0	IT0	
电源控制及波特率选择	PCON	SMOD				GF1	GF0	PD	IDL	87H
数据指针（高字节）	DPH									83H
数据指针（低字节）	DPL									82H
堆栈指针	SP									81H
I/O 端口 0	P0	87H	86H	85H	84H	83H	82H	81H	80H	80H
	P0	P0.7	P0.6	P0.5	P0.4	P0.3	P0.2	P0.1	P0.0	

1.4.3 程序存储器

程序存储器的作用是用来存放程序和数表（固定不变的常数）。单片机内部有 4 KB 的程序存储器 Flash ROM，外部最多可扩展 64 KB 的程序存储器，内外程序存储器采用统一编址的方法，即共用 64 KB 的地址，地址范围 0000H～FFFFH，如图 1-11 所示。

程序存储器的结构：

8051 系列有 64 KB ROM 的寻址区，地址范围 0000H～FFFFH，用于存放程序。

其中低 4 KB（0000H～0FFFH）的地址区可以为片内 ROM 和片外 ROM 共用，但不能同时使用（由外引脚 $\overline{\text{EA}}$ 决定）。

高 60 KB（1000H～FFFFH）的地址区为片外 ROM 所专用。

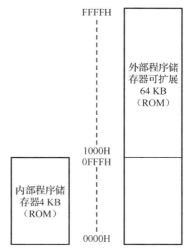

图 1-11 程序存储器

项目小结

本项目介绍了 51 单片机的概念以及 51 单片机的基础知识，主要内容包括：

1. 什么是单片机；单片机的发展状况；单片机的特点；单片机的发展状态；单片机的应用。

2. 51 单片机的内部结构包括中央处理器（CPU）、数据存储器（RAM）、程序存储器（ROM）、定时器/计数器（Timer/Counter）、并行输入/输出（I/O）口、全双工串行口、中断系统、时钟电路。

3. 51 单片机的外部引脚及引脚的功能。

4. 单片机的两个最小系统电路：时钟电路和复位电路。

5. 51 单片机的物理结构有 4 个存储空间：片内程序存储器、片外程序存储器、片内数据存储器、片外数据存储器。51 单片机的逻辑结构上有 3 个存储空间：64 KB 片内片外统一编址的程序存储器、256 B 片内数据存储器、64 KB 片外数据存储器。

习题 1

一、选择题

1. 片内 RAM 的 20H～2FH 为位寻址区，所包含的位地址是（　　）。

A. 00H～20H　　　　B. 00H～7FH　　　　C. 20H～2FH　　　　D. 00H～FFH

2. MCS-51 单片机的复位信号是（　　）有效。

A. 高电平　　　　B. 低电平　　　　C. 脉冲　　　　D. 下降沿

3. MCS-51 单片机的 CPU 主要的组成部分为（　　）。

A．运算器、控制器   B．加法器、寄存器

C．运算器、加法器   D．运算器、译码器

4．ALU 表示（　　）。

A．累加器   B．程序状态字寄存器

C．计数器   D．算术逻辑部件

5．当 MCS-51 单片机接有外部存储器，P2 口可作为（　　）。

A．数据输入口   B．数据的输出口

C．准双向输入/输出口   D．输出高 8 位地址

6．8051 单片机的 VCC（40）引脚是（　　）引脚。

A．主电源+5 V   B．接地

C．备用电源   D．访问片外存储器

7．8051 单片机中，输入/输出引脚中用于专门的第二功能的引脚是（　　）。

A．P0   B．P1

C．P2   D．P3 与相关文档的集合

8．单片机应用程序一般存放在（　　）中。

A．RAM   B．ROM   C．寄存器   D．CPU

9．8051 单片机若晶振频率为 f_{osc}=12 MHz，则一个机器周期等于（　　）μs。

A．1/12   B．1/2   C．1   D．2

10．数据的存储结构是指（　　）。

A．存储在外存中的数据   B．数据所占的存储空间量

C．数据在计算机中的顺序存储方式   D．数据的逻辑结构在计算机中的表示

二、填空题

1．单片机是在一块芯片上集成了_____、_____、_____和各种输入/输出（I/O）接口（如并行 I/O 口、串行 I/O 口和 A/D 转换器）等。

2．内部数据储存器由_____、_____、_____，地址范围_____，共_____个单元。

3．51 单片机有 4 组工作寄存器，它们的地址范围是_____。

4．8051 单片机的 XTAL1 和 XTAL2 引脚是_____引脚。

5．一个机器周期=_____个振荡周期=_____个时钟周期。

6．在 51 单片机中，如果采用 6 MHz 晶振，1 个机器周期为_____。

7．片内 RAM 低 128 个单元划分为_____、_____和_____三个主要部分。

8．MCS-51 单片机片内 RAM 的寄存器共有_____个单元，分为_____组寄存器，每组_____个单元，以 R0～R7 作为寄存器名称。

9．51 单片机的 VCC（40）引脚是_____引脚，VSS（20）引脚是_____引脚。

10．MCS-51 共有_____个中断源，即外部中断_____个，定时/计数器中断_____个，串行口中断_____个。

项目 2

单片机软件使用与联合仿真

本项目通过对 Proteus 仿真软件使用、Keil 软件使用、单片机开发系统及功能的学习，使学生掌握 Proteus 仿真平台的学习、Keil 软件平台、Keil 软件基本操作、Proteus 与第三方软件接口，以及 Proteus 与 Keil 联合仿真的操作。

知识重点	1. Proteus 仿真平台的学习 2. Keil 软件平台 3. Keil 软件基本操作 4. Proteus 与 Keil 联合仿真的操作
知识难点	1. Proteus 仿真平台的学习 2. Keil 软件基本操作 3. Proteus 与 Keil 联合仿真的操作
建议学时	10 学时
教学方式	从具体任务入手，对 Proteus 仿真软件使用、Keil 软件使用、单片机开发系统及功能的学习掌握 Proteus 仿真平台、Keil 软件平台、Keil 软件基本操作、Proteus 与 Keil 联合仿真的操作
学习方法	讨论法　动手实操法　理解例程→修改例程→编写新例程

任务 2-1　Proteus 仿真软件的使用

Proteus 软件是英国 Lab Center Electronics 公司推出的电路分析与仿真工具软件。它不仅具有其他 EDA 工具软件的仿真功能，还有 VSM（虚拟仿真技术），能仿真基于微控制器的系统。能连同所有外围接口电子元器件一起仿真，也可以仿真模拟电路、数字电路、模数混合电路，并可以直观地观察到模拟的结果。应用 Proteus 电子设计软件，就相当于应用一个电子设计和分析平台，可以软件硬件同时调试仿真。

Proteus 作为 EDA 工具，从原理图布图、代码调试到单片机与外围电路协同仿真，一键切换到 PCB 设计，真正实现了从提出概念到形成产品的完整过程设计。是目前世界上唯一一款电路仿真软件、PCB 设计软件和虚拟模型仿真软件三合一的设计平台，其处理器模型支持 8051、HC11、PIC10/12/16/18/24/30/DsPIC33、AVR、ARM、8086 和 MSP430 等，2010 年又增加了 Cortex 和 DSP 系列处理器，并持续增加其他系列处理器模型。在编译方面，它也支持 IAR、Keil 和 MATLAB 等多种编译器。

2.1　Proteus 仿真平台界面

1. 进入 Proteus

打开 Proteus 仿真软件，双击桌面上的 ISIS 7 Professional 图标，如果桌面上没有 Proteus 图标，则单击屏幕左下方的"开始"→"程序"→"Proteus 7 Professional"→"ISIS 7 Professional"，进入 Proteus ISIS 集成环境，如图 2-1 所示。

图 2-1　Proteus ISIS 集成环境

2. 工作界面

Proteus ISIS 的工作界面是标准的 Windows 界面，如图 2-2 所示。包括标题栏、主菜单、标准工具栏、绘图工具栏、状态栏、对象选择按钮、预览对象方位控制按钮、仿真进

程控制按钮、预览窗口、对象选择器窗口、图形编辑窗口。

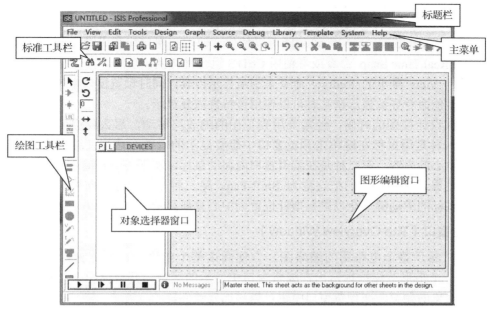

图 2-2　Proteus ISIS 的工作界面

2.2　Proteus 的基本操作

1.　图形编辑窗口

在图形编辑窗口内完成电路原理图的编辑和绘制。仿真图就是在这个窗口完成的，这个窗口可以放置元器件、终端、信号观察等器件。为了方便作图，Proteus 软件在设计时采用了坐标系统（co-ordinate system）。即这个图形编辑窗口分成很多小栅格，走线和图形按照栅格位置摆放。放置对象的步骤如下（to place an object:）：第一步，在对象选择器中找到对象；第二步，在编辑窗口并单击鼠标左键放置对象，此时选中的对象会随着鼠标进行移动。

ISIS 中坐标系统的基本单位是 10 nm 一个栅格，这样设计的目的主要是和 Proteus ARES 电路板设计界面保持一致。坐标系统的识别（read-out）单位被限制在最小 1 th。坐标原点默认在图形编辑区的中间，图形的坐标值能够显示在屏幕的右下角的状态栏中。

编辑窗口内有点状的栅格（The Dot Grid），可以通过 View 菜单的 Grid 命令在打开和关闭间切换。点与点之间的间距由当前捕捉的设置决定。捕捉的尺度可以由 View 菜单的 Snap 命令设置，或者直接使用快捷键 F4、F3、F2 和 Ctrl+F1。View 菜单如图 2-3 所示，默认选项为 100 th。

当你的鼠标在图形编辑窗口内移动时，坐标值是以固定的步

图 2-3　View 菜单

长 100th 变化，这称为捕捉，如果你想要确切地看到捕捉位置，可以使用 View 菜单的 X Cursor 命令，选中后将会在捕捉点显示一个小的或大的交叉"十"字。

当鼠标指针指向引脚末端或者导线时，鼠标指针将会被捕捉到这些物体，这种功能被称为实时捕捉（real time snap），该功能可以使你方便地实现导线和引脚的连接。可以通过 Tools 菜单的 Real Time Snap 命令或者使用 Ctrl+S 组合键切换该功能。

可以通过 View 菜单的 Redraw 命令来刷新显示内容，同时预览窗口中的内容也将被刷新。当执行其他命令导致显示错乱时可以使用该特性恢复显示。

当我们在设计视图的时候，经常要用到视图的缩放与移动，那么我们可以通过如下几种方式：第一种是用鼠标左键单击预览窗口中想要显示的位置，这将使编辑窗口显示以鼠标单击处为中心的内容。第二种是在编辑窗口内移动鼠标，按下 Shift 键，用鼠标"撞击"边框，这会使显示平移。我们把这称为 Shift-Pan。第三种是用鼠标指向编辑窗口并按缩放键或者操作鼠标的滚动键，会以鼠标指针位置为中心重新显示。

2. 预览窗口（The Overview Window）

预览窗口显示整个电路图的缩略图，方便阅读整个电路。在预览窗口上单击鼠标左键，将会有一个矩形蓝绿框标示出在编辑窗口中显示的区域。其他情况下，预览窗口显示将要放置的对象的预览。在预览窗口中也可以添加元器件。

3. 对象选择器窗口

对象选择器窗口可以把使用者选择的器件显示出来，在一个文件中，可以清晰地观察到调用的器件。而且根据使用者选用不同的库，进行不同的仿真对象选择。通过对象选择按钮，从元件库中选择对象，并置入对象选择器窗口，供今后绘图时使用。显示对象的类型包括设备、终端、引脚、图形符号、标注和图形。

4. 标题栏

标题栏的功能是显示当前活动的界面是 Proteus 仿真软件。相当于 Proteus 仿真软件的活动窗口。

5. 主菜单

主菜单中有 Proteus 仿真软件的各部分功能，包括设置仿真的环境；设置仿真层的颜色和参数等功能。在以后的课程中，陆续会说明这些功能，我们现在只需要使用默认的环境参数就可以了。

6. 标准工具栏和绘图工具栏

标准工具栏中的功能是通用功能，比如保存、新建、前一步、后一步等；绘图工具栏可以选择需要绘图的模式、添加文字标注等，在以后的课程中，我们会常用到绘图栏中的终端模式和元器件模式。

任务 2-2 Keil 软件的使用

Keil C51 是美国 Keil Software 公司出品的 51 系列兼容单片机 C 语言软件开发系统，与早期的单片机汇编语言相比，C 语言在功能上、结构性、可读性、可维护性上有明显的优

势，因而易学易用。Keil C51 提供了包括 C 编译器、宏汇编、连接器、库管理和一个功能强大的仿真调试器等在内的完整开发方案，通过一个集成开发环境将这些部分组合在一起。运行 Keil C51 软件需要 Win XP 或更高级的操作系统。本次单片机技术与应用课程中，软件编译系统采用 Keil C51 进行实现。

> **小知识：** 汇编语言（assembly language）是一种用于电子计算机、单片机、微处理器或其他可编程器件的低级语言，亦称为符号语言。在汇编语言中，用助记符（mnemonics）代替机器指令的操作码，用地址符号（symbol）或标号（label）代替指令或操作数的地址。在不同的设备中，汇编语言对应着不同的机器语言指令集，通过汇编过程转换成机器指令。汇编语言有特定性，对应的不同平台之间不可直接移植。

2.3　Keil 软件的结构与发展

Keil C51 软件提供丰富的库函数和功能强大的集成开发调试工具，全 Windows 界面，操作起来容易简单，编译后生成的二进制文件占空间小，目前主流单片机开发都用到 Keil。下面详细介绍 Keil C51 开发系统各部分功能和使用。

1. Keil C51 单片机软件开发系统的整体结构

Keil C51 工具包的整体结构，μVision 与 Ishell 分别是 C51 for Windows 和 for Dos 的集成开发环境（IDE），可以完成编辑、编译、连接、调试、仿真等整个开发流程。开发人员可用 IDE 本身或其他编辑器编辑 C 或汇编源文件。然后分别由 C51 及 C51 编译器编译生成目标文件。目标文件可由 LIB51 创建生成库文件，也可以与库文件一起经 L51 连接定位生成绝对目标文件。目标文件由 OH51 转换成标准的 hex 文件，以供调试器使用进行源代码级调试，也可由仿真器使用直接对目标板进行调试，也可以直接写入程序存储器如 EPROM 或 Flash 中。

2. Keil 软件的发展

Keil μVision 2 是美国 Keil Software 公司出品的 51 系列兼容单片机 C 语言软件开发系统，C 语言易学易用，而且大大提高了工作效率和项目开发周期。Keil μVision 2 开发环境包含编译器、汇编器、实时操作系统、项目管理器、调试器。可为单片机学习提供高效、快速灵活的开发环境。

2006 年 1 月 30 日 ARM 推出全新的针对各种嵌入式处理器的软件开发工具，Keil μVision 3 支持 ARM7、ARM9 和最新的 Cortex-M3 核处理器，与 ARM 之前的工具包 ADS 等相比，Keil μVision 3 编译器可将性能改善超过 20%。

2009 年 2 月发布 Keil μVision 4，Keil μVision 4 引入灵活的窗口管理系统，使开发人员能够使用多台监视器，并提供了视觉上的表面对窗口位置的完全控制的任何地方。新的用户界面可以更好地利用屏幕空间和更有效地组织多个窗口，提供一个整洁、高效的环境来开发应用程序。

2011 年 3 月 ARM 公司发布最新集成开发环境 Real View MDK 开发工具中集成了最新版本的 Keil μVision 4，其编译器、调试工具实现与 ARM 器件的最完美匹配。

2.4 Keil 软件基本操作

进入 Keil C51 后，屏幕如图 2-4 所示。几秒钟后出现编辑界面，如图 2-5 所示。

图 2-4　Keil μVision 2 的打开界面

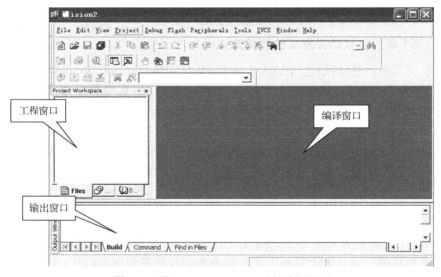

图 2-5　进入 Keil μVision 2 后的编辑界面

Keil μVision2 打开之后的编辑界面，由工程窗口、输出窗口、编译窗口、标题栏、菜单栏等组成。工程窗口用来观察工程文件的名称，配置环境等作用，输出窗口用来观察程序编译输出的结果，当语法有错误的时候会提示"error"，当语法正确时可以看到编译成功；当语法没有错误，程序中出现冗余变量或函数等，输出窗口会提示"warning"，也就是警告。

下面通过简单的编程、调试，引导大家学习 Keil C51 软件的基本使用方法和基本的调试技巧。

首先建立一个新工程。

（1）单击 Project 菜单，在弹出的下拉菜单中选中 New Project 选项，这个选项可以新建一个工程文件，如图 2-6 所示，工程文件是一个工程的名字，在工程文件的目录下，可以

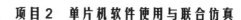

有源程序文件、目标执行文件等文件。

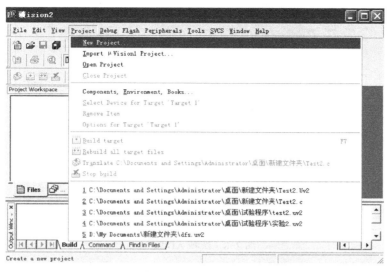

图 2-6 新建工程文件

（2）然后选择你要保存的路径，输入工程文件的名字，比如保存到"实验 2"文件夹里，工程文件的名字为"实验 2"，如图 2-7 所示，然后单击"保存"按钮。

图 2-7 保存工程文件的名字

（3）这时会弹出一个对话框，要求选择单片机的型号，这时可以根据使用的单片机来选择，Keil C51 几乎支持所有的 51 核的单片机，这里还是以大家使用较多的 Atmel 的 89C51 来说明，如图 2-8 所示，选择 89C51 之后，右边栏是对这个单片机的基本说明，然后单击"确定"按钮。

（4）完成芯片型号的选择后，工程栏中的 Target 1 文件夹前会出现三个红色的小图标，如图 2-9 所示。

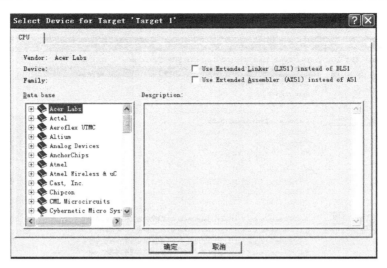

图 2-8　选择 AT89C51

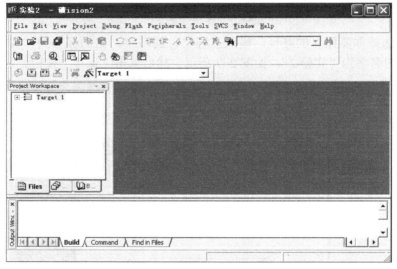

图 2-9　建立一个工程文件

到这个步骤，工程文件就建立好了，接下来编译一个程序。

（5）单击菜单栏中的"File"菜单，在下拉菜单中单击"New"选项，单击之后会跳出一个文本文件，如图 2-10 所示。

此时光标在编辑窗口里闪烁，这时可以键入用户的应用程序了，但笔者建议首先保存该空白的文件，单击菜单上的"File"，在下拉菜单中选中"Save As"选项并单击，屏幕如图 2-11 所示，在"文件名"栏右侧的编辑框中，键入欲使用的文件名，同时，必须键入正确的扩展名。注意，如果用 C 语言编写程序，则扩展名为（.c）；如果用汇编语言编写程序，则扩展名必须为（.asm）。然后单击"保存"按钮，如图 2-11 所示。

（6）回到编辑界面后，单击"Target 1"前面的"+"号，然后在"Source Group 1"上单击右键，弹出如下菜单（见图 2-12）。

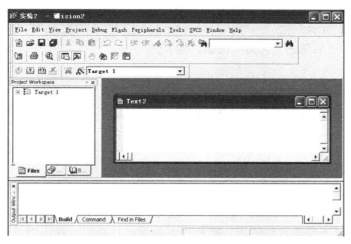

图 2-10　建立文本文件后的界面

图 2-11　保存成 C 语言源文件

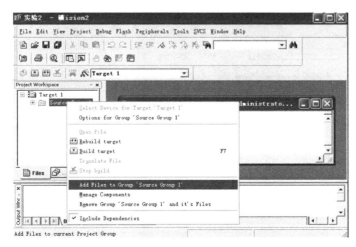

图 2-12　添加源文件到工程文件

单击"Add File to Group 'Source Group 1'"，屏幕如图 2-12 所示。

选中 Test2.c，然后单击"Add"按钮，屏幕如图 2-13 所示。

添加之后，双击 Source Group 1 文件夹，下拉目录里我们看到了刚才添加的 Text2.c 源文件，在这个文件中，我们可以编译程序，如图 2-14 所示。

图 2-13　添加源文件

（7）编写程序之后，我们要生成执行文件，即后缀名（.hex）的文件。单击"Project"菜单，再在下拉菜单中单击"目标 Target1 属性"。在图 2-15 中，在"Output"选项卡中选择"Create HEX File"选项，使程序编译后产生 HEX 代码，供下载器软件使用。把程序下载到单片机中。在本项目中，我们把生成的 HEX 代码下载到仿真图里的单片机中。

图 2-14　添加源文件之后的界面

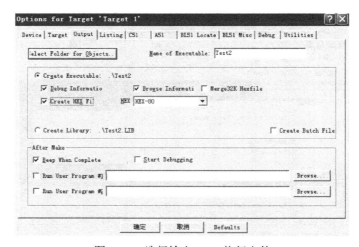

图 2-15　选择输出 HEX 执行文件

选中之后再进行编译，我们在输出窗口会看到提示：编译生成.hex 文件，把这个文件下载到芯片中就可以运行程序了。在本项目中，我们通过 51 单片机控制 8 个 LED 流水灯来进行演示仿真。

2.5　Proteus 与 Keil 联合仿真

在完成了 Proteus 与 Keil 的基本操作学习后，我要用这两个开发环境进行联合调试。在单片机开发系统中，既要有硬件系统，又要有软件系统；那么 Proteus 仿真图提供的就是我们需要的单片机硬件开发系统，Keil μVision 2 提供的就是单片机程序系统。首先我们完成硬件系统的设计：

（1）进入 Proteus 界面之后，我们先选中绘图工具栏中的元器件模式，然后单击图中的"P"，添加单片机等元件，如图 2-16 所示。

图 2-16　选择元器件

单击"P"之后，会弹出 Proteus 仿真库的界面，在这个界面中，你可以找到你需要的元器件。在元器件列表框中单击你需要的器件类型或在左上角的关键字（Keywords）框中输入你需要的器件名称的关键字（如：发光二极管——LED、电动机——motor 等），就会在中间的大空白框列出你所需的一系列相关的元件。此时，可用鼠标选中所要的元件，右上角的预览框会显示所要元件的示意图，若正是所要的元器件，则单击"OK"按钮，该元器件的名称就会列入位于左侧的对象选择窗口中。所需元器件选择好后，在"对象选择窗口"选择某器件，就可以将它放到原理图编辑窗口中（若器件的方向不合适，可以单击鼠标右键进行旋转来改变它的方向）。将所要的元器件都选好后，将它们安放到合适的位置并调整好方向。

（2）在 Keywords 中输入 89C51，鼠标点中 AT89C51 并双击，仿真库消失，图形编辑窗口出现，单击左键，在图形编辑窗口中就会出现一个 AT89C51。如图 2-17 所示，再加 8 个 LED，如图 2-18 所示。因为是仿真，就不用加限流电阻和晶振复位的元件了。

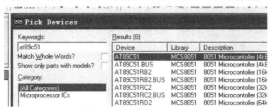

图 2-17　选择元器件

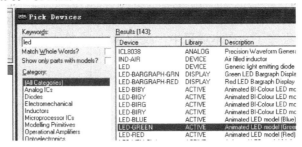

图 2-18 选择元器件

（3）把元件排列放好，如图 2-19 所示，再放一个电源。

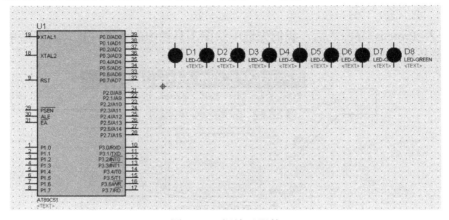

图 2-19 摆放元器件

（4）放置电源时选择终端模式，单击 POWER，如图 2-20 所示。选择电源后电路的仿真图形如图 2-21 所示。

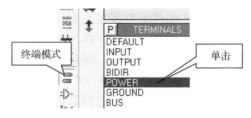

图 2-20 选择电源

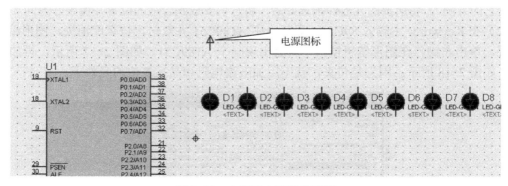

图 2-21 电源选中后的仿真图

（5）连接导线，把要连接的单片机端口和 LED 端口放置好，这时你会发现鼠标是一个小铅笔的形状。把鼠标放到端口上，端口会出现一个红色虚线小方框，单击之后，小铅笔变成绿色，电气线随着鼠标而延伸，把鼠标移到要连接的端口，单击鼠标，电气线就连接完成。本次项目需要把单片机 P2 端口和发光二极管相连接；还需要把 8 个发光二极管的正端与电源相连接。连接之后如图 2-22 所示，至此硬件仿真图已经画好。

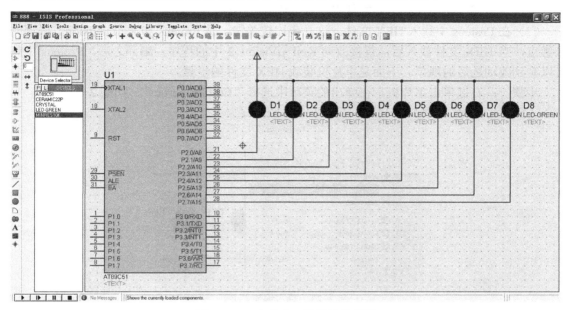

图 2-22　8 个发光二极管的仿真图

（6）编译程序，打开 Keil μVision 2 软件，建立工程文件，具体步骤见 Keil 软件基本操作中的步骤。在编译器 Keil 中写一段流水灯程序，然后编译成 HEX 文件。

```
#include<reg51.h>
#define uchar unsigned char
void delay()
{
uchar a,b;
    for(a=255;a;a--)
    {
        for(b=255;b;b--);
    }
}
void main()
 {
  uchar tmp=1;
  while(1)
   {
      P2=(~tmp);
      delay();
      tmp<<=1;
```

```
    if(tmp==0)                    //移到最高位要重新置 1
    {
      tmp=1;
    }
  }
}
```

单击完成程序编译，在工程文件夹下可以看到 ".HEX" 文件。

（7）在 Proteus 中载入 HEX 文件。这几步比较关键，是 Proteus 和 Keil μVision 2 联调的接触点，当 HEX 文件载入后，直接改动 Keil μVision 2 中的程序，编译之后，Proteus 中就可以看到改动之后的现象。下面是单片机装载 HEX 文件的步骤。

步骤一：右键单击单片机，在弹出的菜单中选择 "Edit Properties"，如图 2-23 所示。

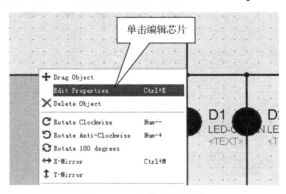

图 2-23　单击编辑芯片

步骤二：单击图中文件夹图标，如图 2-24 所示。

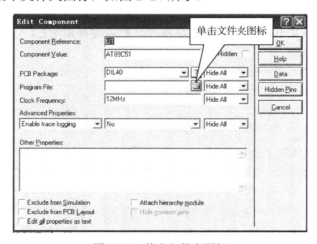

图 2-24　单击文件夹图标

步骤三：然后选中要装载的 HEX 文件，如图 2-25 所示，单击 "确定" 按钮。

（8）单击左下角的三角形 "开始" 按钮，可以看到仿真结果，灯光在滚动，如图 2-26 所示，单片机的仿真结果可以分成单步运行和直接运行，我们也可以进行单步运行。

图 2-25 选择 .HEX 文件

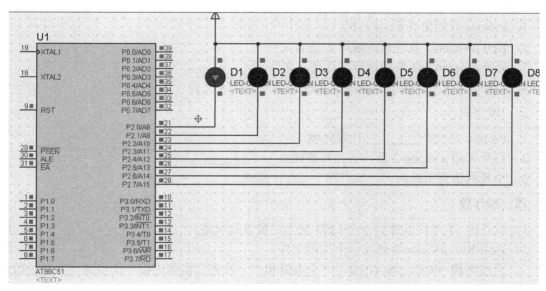

图 2-26 最终结果

项目小结

本项目分成三个任务，讲述了 Proteus 仿真软件的使用、Keil 软件的使用、程序的编译、仿真图软/硬件联合仿真几方面的内容：

1. Proteus 仿真软件的使用。

Proteus 仿真软件可以进行电路图模拟仿真，在 Proteus 仿真软件中，我们可以根据项目需求来设计硬件电路，并根据电路进行观察仿真。本项目仿真了一个通过 P2 口控制 8 个发光二极管的电路，并进行调试。

2. Keil 软件的使用。Keil 软件是进行软件系统编译调试的工具。

3. 仿真图软/硬件联合调试。联合调试是检验测试结果的最直接的方式，本项目把走马灯程序和 51 单片机控制 8 个 LED 发光二极管硬件电路联合进行调试，直接观察出测试结果。

习题 2

一、选择题

1. C 语言文件的后缀名是（　　）。

A．C　　　　　　　　B．ASM　　　　　　　C．DOC　　　　　　　D．ASS

2. 程序是以（　　）形式存放在单片机中。

A．C 语言源文件　　　B．汇编语言源文件　　C．二进制文件　　　D．工程文件

二、判断题

1. Proteus 只能仿真 51 单片机（　　）。

2. Keil μVision 2 软件只能编译 C 语言文件（　　）。

3. Keil μVision 2 生成的执行文件是.c 文件（　　）。

4. C 语言源文件需要构建编译才能生成后缀名.hex 文件（　　）。

三、填空题

1. Proteus 是一个_____开发环境。

2. 打开 Keil μVision 2 后，首先应该建立一个_____文件。

3. 单片机仿真系统由_____和_____组成。

四、操作题

1. 设计出 51 单片机控制一个 LED 发光二极管的电路。

2. 运用 Keil μVision 2 建立一个工程文件。

3. 通过电源 VCC、地 GND、一个电阻和一个发光二极管连接一个电路。并通过改变阻值观察发光二极管亮度变化。

五、分析题

1. Proteus 仿真环境中，与 VCC 终端相对应的 GND 终端在哪里能找到？

2. 单片机开发应用系统一般过程是什么？

3. 单片机仿真系统由哪些软件组成？

4. 单片机仿真系统有几种运行方式？

项目 3

单片机输入/输出

电路设计

　　本项目通过单片机简单彩灯闪烁控制、彩灯显示开关状态和汽车转向灯控制的设计与仿真，介绍单片机并行 I/O 端口电路的实际应用，C 语言基本语句、C 语言数据类型及运算、C 语言函数的应用，通过学习提高结构化程序设计的操作能力。

知识重点	1. 单片机并行 I/O 端口电路 2. C 语言基本语句 3. C 语言数据类型及运算 4. C 语言函数
知识难点	1. C 语言数据类型、基本语句的应用 2. 结构化程序设计方法
建议学时	10 学时
教学方式	从具体任务入手，通过简单彩灯闪烁控制系统、彩灯显示开关状态系统和汽车转向灯控制系统的设计与仿真，掌握对单片机并行 I/O 端口的应用，C51 结构化程序设计方法
学习方法	讨论法　动手实操法　理解例程→修改例程→编写新例程

任务 3-1　简单彩灯闪烁控制设计与仿真

1. 任务分析

都市夜晚的霓虹灯色彩缤纷，建筑物的夜景装饰千变万化，其闪烁方式更加五彩斑斓。单片机可以控制多个发光二极管来模拟都市霓虹灯状态，并能实现闪烁方式多样化，本任务要求采用单片机制作一个 8 位彩灯（发光二极管）闪烁的控制系统，其重点是熟悉单片机的 I/O 端口的输入/输出操作控制。

2. 电路设计

单片机控制彩灯闪烁硬件电路如图 3-1 所示。8 个发光二极管正极通过限流电阻连接到 +5V 电源，P1 口 8 个引脚控制 8 个发光二极管负极，当 P1 口引脚输出为 0 时，对应的发光二极管点亮，当 P1 口引脚输出为 1 时，对应的发光二极管熄灭，P1 口 8 个引脚按照某种顺序依次亮灭，发光二极管就可以实现某种闪烁显示，例如常见的流水灯显示。根据图 3-1 绘制仿真硬件电路图。

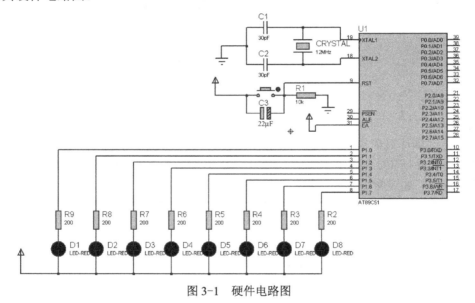

图 3-1　硬件电路图

3. 软件程序设计

由于发光二极管流过的电流一般为 3～5 mA，因此在硬件上采用由单片机直接输出电流的电路形式，程序设计有两种方案。

1）方案 1——直接对端口赋值

第一个状态：第一个灯亮；

```
P1=0x01;              //将 D1 灯点亮
delay();              //延时
```

第二个状态：第二个灯亮。

```
P1=0x02;              //将 D2 灯点亮
delay();              //延时
```

这样将每个状态值列成表 3-1 所示的表格,编程将每个状态值不断赋给 P1 口,并且插入一个延时,发光二极管循环点亮。

表 3-1　显示状态表

P1.7	P1.6	P1.5	P1.4	P1.3	P1.2	P1.1	P1.0	说　明	状　态
1	1	1	1	1	1	1	1	全灭	初始状态
1	1	1	1	1	1	1	0	D1 亮	第一状态
1	1	1	1	1	1	0	1	D2 亮	第二状态
1	1	1	1	1	0	1	1	D3 亮	第三状态
1	1	1	1	0	1	1	1	D4 亮	第四状态
1	1	1	0	1	1	1	1	D5 亮	第五状态
1	1	0	1	1	1	1	1	D6 亮	第六状态
1	0	1	1	1	1	1	1	D7 亮	第七状态
0	1	1	1	1	1	1	1	D8 亮	第八状态

2)方案 2——采用移位指令实现二极管循环点亮

通过分析和观察方案 1 设计的程序,不难看出程序的结构十分相似,P1 口的状态值是在前一个状态值基础上向左移动一位,于是可以用_crol_()循环左移函数实现发光二极管循环点亮。

按照方案 2 设计的程序如下:

```
//任务 3-1 程序:ex3-1.c
//功能:采用循环左移函数实现彩灯闪烁控制
#include<reg51.h>               //预处理命令,定义 51 单片机各寄存器的存储器映射
#include<intrins.h>             //预处理命令,包含很多算法程序
void Delay(unsigned char a)     //延时子程序
{
unsigned char i;               //定义变量 i 为无符号字符类型
while(--a)                     //while-do 型循环
    {
    for(i=0;i<125;i++);        //for()语句构成空循环
    }
}
void main(void)                 //主函数
{
    unsigned char b,i;
    while(1)                    //无限循环
    {
    b=0xfe;                    //赋值语句
    for(i=0;i<8;i++)
      {
        P1=b;
        Delay(250);
        b=_crol_(b,1);
```

```
            }
        }
    }
```

4. 仿真结果

将 Keil 软件编译生成的十六进制文件加载到芯片中。单击"运行"按钮，启动系统仿真，仿真结果如图 3-2 所示。观察 LED 发光二极管从 D1～D8 循环点亮。

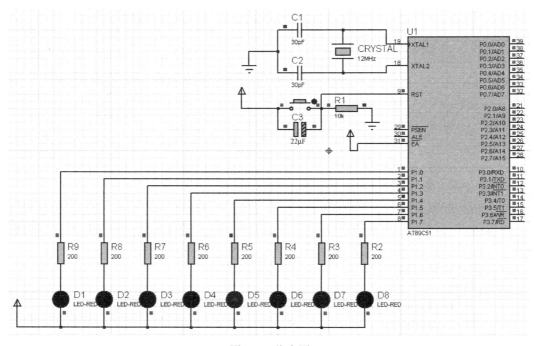

图 3-2　仿真图

5. 任务小结

本任务通过用 51 单片机控制连接到 P1 口的 8 个发光二极管，实现流水灯效果的软、硬件设计，让读者初步了解 C 语言程序的基本结构和特点，学习如何用 C 语言编程来控制单片机的并行 I/O 口。

相关知识

3.1　单片机并行 I/O 端口电路结构

80C51 系列单片机有 4 个并行 I/O 口：P0 口、P1 口、P2 口和 P3 口，每个端口都有 8 个引脚，共 32 个 I/O 引脚，它们都是双向通道，每个 I/O 口都能独立用作输入/输出数据，P0 口又可以作为地址总线低 8 位/数据总线，P1 口无第二作用（仅具有输入/输出数据作用），P2 口又可以作为地址总线高 8 位，P3 口还有重要的第二功能。下面分别叙述各个端口的结构、功能和使用方法。

3.1.1 P0 口

1. P0 口结构

P0 口（P0.0～P0.7）：P0 口的一位结构图见图 3-2，它是由一个输出锁存器（由 D 触发器组成一个锁存器构成特殊功能寄存器 P0.x）、一个输出驱动电路（由一对上拉和下拉场效应晶体管 T1 和 T2 组成，以增加带载能力）、两个三态门（三态门 U1 用于读锁存器端口，三态门 U2 用于引脚输入缓冲）和一个控制电路（包括一个与门、一个反相器和一个转换开关）组成。输出驱动电路的工作状态受控制电路的控制。

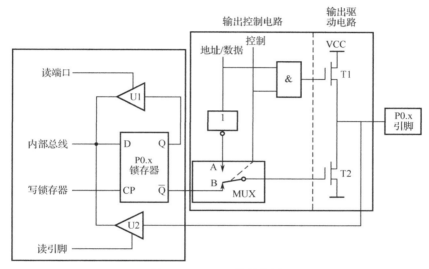

图 3-3 P0 口一位结构图

2. P0 口功能

P0 口（P0.0～P0.7）：P0 口的第一功能是 8 位漏极开路的准双向 I/O 口。第二功能是在访问外部存储器时，分时用做低 8 位地址总线和双向数据总线。

1）通用 I/O 口

当 P0 口引脚作为输入/输出端口时，CPU 令"控制"端信号为低电平，作用是让多路开关 MUX B 导通，A 断开；"0"信号通过与门控制场效应管 T1 截止，致使输出级为开漏输出。

（1）输出数据

图 3-3 中 D 触发器即是锁存器，目的是让单片机从总线发送过来的数据能保存在这个"盒子"中，即使单片机执行其他指令，锁存器中的数据不会丢失改变。锁存器中数据在输出端为取反值（锁存器中为 0，$\overline{Q}$ 输出为 1；锁存器中为 1，$\overline{Q}$ 输出为 0）。当总线数据为 0 时，$\overline{Q}$ 输出值为 1，场效应管 T2 饱和导通，流过外接上拉电阻的电流很大，从而在上拉电阻上产生很大的电压降，外接 VCC 电压经过压降后，此时 P0.x 引脚输出为 0；当总线数据为 1 时，$\overline{Q}$ 输出值为 0，场效应管 T2 截止，上拉电阻将电位拉至高电平，此时 P0.x 引脚输出为 1。由于锁存器的存在，只要单片机没有新的数据传送过来，这个输出值就会保持下去。

单片机技术应用（C 语言+仿真版）

（2）输入数据

P0 口是准双向口，所谓准双向口，就是在读端口数据前，先向相应的锁存器做写"1"操作。因为当 P0 作为输入数据使用时，前提必须是场效应管 T2 截止（T2 如果导通，则 P0 口引脚上的输入数据被 T2 短路），因此必须先向锁存器写入"1"，$\overline{Q}$=0，T2 截止，因此，当读引脚外部数据时，C 语言程序先写一条语句"P0=0xff;"，再读引脚的外部数据。

例如：

```
unsigned char i;        //定义无符号字符型变量 i
P0=0xff;                //P0 口作为输入口，必须先置 1
i=P0;                   //读 P0 的外部状态赋值给变量 i
```

输入数据从 P0.x 引脚输入后，先进入输入缓冲器 U2，CPU 执行输入端口指令后，读引脚信号使输入缓冲器 U2 开通，输入信号通过 U2 进入单片机的内部总线，从而实现外部数据输入。

（3）读锁存器数据

读锁存器数据信号使缓冲器 U1 开通，目的是防止错读外部引脚上的电平信号，锁存器 Q 端的信号通过 U1 进入单片机的内部总线。读锁存器是为了适应对应端口进行的"读—修改—写"指令语句的需要。例如：

```
P0=P0&0xfe;             //将 P0 口的最低位引脚清零输出
```

上述例子是执行"读—修改—写"三步骤，首先读 P0 口锁存器的数据，然后与 0xfe 进行相与运算，最后将运算结果赋值给 P0，即 P0 口引脚输出新的数据。

 小思考：如何将 P0 口的低四位引脚清零输出？

2）地址/数据总线

在进行单片机系统扩展时，P0 口作为单片机系统的地址/数据总线使用。

（1）地址/数据总线输出

当 P0 口引脚作为地址/数据总线输出端口时，CPU 令"控制"端信号为高电平，作用是让 MUX 多路开关 A 导通，B 断开；"地址/数据"输入端信号通过与门驱动场效应管 T1 导通或截止，"地址/数据"输入端信号同时也通过反相器 F 驱动场效应管 T2 导通或截止，结果在引脚上就是地址/数据输出信号。当"地址/数据"输出为"1"时，则与门输出为"1"，场效应管 T1 导通，反相器输出"0"，场效应管 T2 截止，引脚输出为"1"。反之若"地址/数据"输入端信号为"0"时，引脚输出为"0"。

（2）数据总线输入

P0 口作为数据总线输入与作为一般输入口情况相同。

80C51 系列单片机的 P0 口在并行扩展外存储器时，只能作为地址/数据总线；在不作为并行扩展外存储器时，能作为通用 I/O 口使用。P0 口的输出级可驱动 8 个 LSTTL 门电路。

3.1.2　P1 口

1. P1 口结构

P1 口（P1.0～P1.7）：P1 口只能作为 8 位漏极开路的准双向 I/O 口。P1 口的一位结构图如图 3-4 所示。从 P1 口的结构可以看出，它内部比 P0 口增加了上拉电阻（替换掉一个与

门和场效应管），少了地址/数据的传送电路和多路转换开关 MUX。

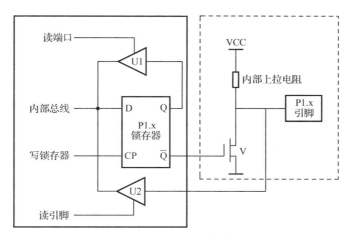

图 3-4 　P1 口一位结构图

2. P1 口功能

P1 口作为通用 I/O 口时的功能和使用方法与 P0 相似。唯一不同的是不需要外接上拉电阻。P1 口的输出级可驱动 4 个 LSTTL 门电路。

3.1.3 　P2 口

P2 口（P2.0～P2.7）：P2 口的第一功能是 8 位漏极开路的准双向 I/O 口，第二功能是地址总线的高 8 位。

1. P2 口结构

P2 口某一位的内部逻辑电路如图 3-5 所示。从 P2 口的结构可以看出，它内部比 P0 口增加了上拉电阻（替换掉一个与门和场效应管），增加了地址的传送电路（替换掉地址/数据的传送电路），并将一个反相器更改了位置。

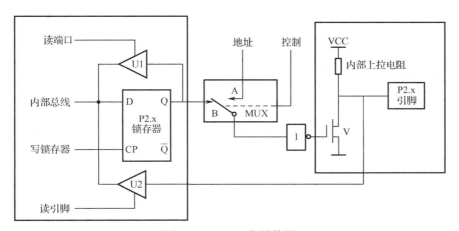

图 3-5 　P2 口一位结构图

2. P2口功能

1）通用I/O口

当"控制"端信号为低电平时，多路开关MUX截止A，导通B，P2口作为通用I/O口使用，其功能和使用方法与P1口相同。

2）地址总线

当"控制"端信号为高电平时，多路开关MUX截止B，导通A，P2口作为地址总线使用，"地址"输出信号经反相器和场效应管V二次反相后从引脚输出。

P2口的输出级可驱动4个LSTTL门电路。

3.1.4 P3口

P3口（P3.0～P3.7）：P3口的第一功能是8位漏极开路的准双向I/O口，同时P3口的每一个引脚都有第二功能。

1. P3口结构

P3口某一位的内部逻辑电路如图3-6所示。从P3口的结构可以看出，它内部比P0口增加一个上拉电阻（替换掉一个场效应管），增加第二功能输出的传送电路（替换掉地址/数据的传送电路），和第二功能输入缓冲器。

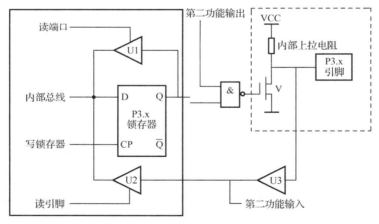

图3-6 P3口一位结构图

2. P3口功能

1）通用I/O口

当"第二功能输出"端输出为高电平，锁存器Q端信号控制与非门输出，总线输出信号与引脚输出信号相同。P3口的通用I/O口的功能和使用方法与P1口、P2口相同。P3口的输出级可驱动4个LSTTL门电路。

2）引脚第二功能

当P3的8个引脚作为第二功能输出使用时，CPU将该位的锁存器置"1"，使与非门只受"第二功能输出"控制，"第二功能输出"信号经过与非门和场效应管V二次反相后输出到该位引脚上。

当 P3 的 8 个引脚作为第二功能输入使用时，"第二功能输出"端和锁存器自行置"1"，场效应管 V 截止，引脚上的信号经缓冲器 U3 送入"第二功能输入"端。

3.2　认识 C 语言

C 语言，是一种通用的、过程式的编程语言，广泛用于系统与应用软件的开发。具有高效、灵活、功能丰富、表达力强和较高的移植性等特点，在编程者中备受青睐，是最近使用最为广泛的编程语言。

3.2.1　C 语言的优点

智能电子产品改变了世界，改变了人类的生活，智能电子产品的巨大"魔力"来源于程序，而程序是由人们运用计算机语言编写编译后输入到芯片中，上电运行后实现程序功能。C 语言是一种编译型程序设计语言，它有多种高级语言的特点，并具备汇编语言的功能，单片机 C 语言与标准 C 语言没有太大的区别，但在对单片机硬件控制时单片机 C 语言有自己特殊的定义。C 语言是一种源于编写 UNIX 操作系统的语言，是一种结构化语言，可以产生紧凑代码。C 语言结构是以大括号 "{}" 而不是以字和特殊符号表示的语言。与单片机使用的汇编语言相比，C 语言有如下优点。

（1）对单片机的指令系统不需要了解，仅要求对存储器有了解。

（2）编译器管理寄存器的分配、不同存储器的寻址及数据类型等细节。

（3）程序结构化，程序有规范的结构，可以通过函数实现小功能执行。

（4）具有将可变的选择与特殊操作组合在一起的能力，改善了程序的可读性。

（5）用近似人的思维来使用关键字和运算函数。

（6）提供强大的包含有多个标准子程序的库，具有较强的数据处理能力。

（7）很容易将新程序植入已编写好的程序，因为 C 语言具有模块化编程技术。

（8）编程和程序调试时间短，编程效率高。

C 语言函数是 C 语言程序的基本组成模块单位。一个 C 语言程序就是由一个主函数 main() 和若干个模块化的子函数构成的，C 语言也称为函数式语言。C 语言程序总是从主函数开始执行，由主函数根据芯片外部接口情况和指令编写来调用其他子函数，子函数可以有若干个。一个函数由两部分组成：函数定义和函数体。关于函数介绍详见任务 3-3。

例如：void delay(unsigned char a);这条语句中 void 是函数类型，delay 是函数名称，unsigned char a 是对形式参数 a 定义为无符号字符型变量。

> 🔔 **小提示**：函数就是功能，每一个函数用来实现一个特定的功能，函数的名字应尽量反映其代表的功能。

3.2.2　C 语言程序结构

单片机 C51 语言是一种结构化的程序设计语言，C 语言程序的结构如图 3-7 所示。程序是解决问题的软件部分，而语句是组成程序的基础，学习语句的流程与控制非常重要。

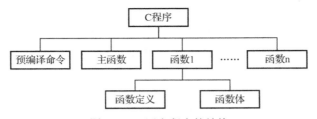

图 3-7 C 语言程序的结构

单片机 C51 语言采用三种经典程序结构。

1. 顺序结构（sequence）

顺序结构就是按顺序地执行各条语句，无须循环也无须跳转，它是最简单也是最基本的流程控制语句。

2. 选择结构（selection）

选择结构又称判断结构或分支结构，它根据是否满足给定的条件而从多组操作中选择一种操作。选择结构的主要语句是 if 语句。

3. 循环结构（repetition）

循环结构又称为重复结构，即在一定条件下反复执行某一部分的操作，循环结构的主要语句是 for、while、do-while 语句。

一个良好的程序，无论多么复杂，都可以由这三种基本结构组成。用这三种基本结构构造算法和编写程序，就如同用一些预购件盖房子一样方便，程序结构清晰。有人形容这三种基本结构像"项链中的珍珠"一样排列整齐、清晰可见。用这三种基本结构构成的程序称为结构化程序。

任务 3-2 彩灯显示开关状态设计与仿真

1. 任务分析

在电子电路设计中，经常会用到开关控制电路的导通与断开，如果采用彩灯的亮灭来显示开关状态，可大大提高电子产品控制的可视性。单片机可以通过分析开关状态来控制彩灯的亮灭，并能通过编程语言实现不同的显示状态。本任务要求采用单片机制作一个彩灯显示开关状态电路系统，主要掌握 C 语言的基本理论知识，其重点是熟悉单片机 C 语言编写语句的应用。

2. 电路设计

单片机控制开关状态显示硬件电路图如图 3-8 所示。单片机 P2 口连接 3 个拨码开关，P0 口通过上拉电阻连接 3 个发光二极管。当开关的状态发生变化时，对应的发光二极管的亮灭相应变化。具体变化可根据自己的想法设计不同的方式。

3. 软件程序设计

这是属于标准的输入/输出电路设计问题，低电平表示开关接通，输出通过上拉电阻接发光二极管，灯光显示状态如表 3-2 所示，程序控制有两种方案。

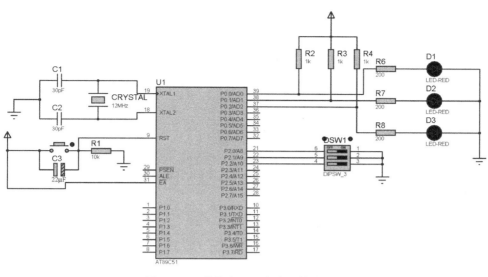

图 3-8 开关状态显示电路硬件电路图

表 3-2 拨码开关与彩灯亮灭关系

拨码开关状态			彩灯亮灭状态		
K1	K2	K3	V1	V2	V3
0（闭合）	1（断开）	1（断开）	亮	灭	灭
1（断开）	0（闭合）	1（断开）	灭	亮	灭
1（断开）	1（断开）	0（闭合）	灭	灭	亮
0（闭合）	0（闭合）	1（断开）	亮	亮	灭
1（断开）	0（闭合）	0（闭合）	灭	亮	亮
0（闭合）	1（断开）	0（闭合）	亮	灭	亮
0（闭合）	0（闭合）	0（闭合）	亮	亮	亮
1（断开）	1（断开）	1（断开）	灭	灭	灭

1）方案 1

将 P2 口状态对应 P0 显示，建立数据表，先读 P2 口的值，再用查表指令取数，通过 if 语句逐次判断按键的 8 种状态，控制相应的灯亮灭。

2）方案 2

将 P2 口状态对应 P0 显示，建立数据表，先读 P2 口的值，屏蔽掉多余的 5 位，再用查表指令取数，保留拨码开关 3 位状态，再根据 P2 口的值的大小，控制三个发光二极管亮灭，程序可用 switch 语句实现 3 个开关状态的显示。

按照方案 2 程序设计如下：

```
//任务 3-2 程序：ex3-2.c
//功能：采用 switch 语句实现 3 个开关状态的显示控制程序
#include <reg51.h>
#define uchar unsigned char
```

```
void main()                  //主函数
{
  uchar button;              //定义按键变量
  uchar code led[]={0xfe,0xfd,0xfb,0xfc,0xf9,0xfa,0xf8,0xff};
  P0=0xff;
  while(1)
  {
    P2=0xff;
    button=P2;               //采集外部按键状态
    button&=0x07;            //屏蔽高 5 位，保留低 3 位
    switch(button)           //根据 button 不同的值执行相应 case 语句
    {
      case 0x06:P0=led[0];break;
      case 0x05:P0=led[1];break;
      case 0x03:P0=led[2];break;
      case 0x04:P0=led[3];break;
      case 0x01:P0=led[4];break;
      case 0x02:P0=led[5];break;
      case 0x00:P0=led[6];break;
      case 0x07:P0=led[7];break;
      default:break;
    }
  }
}
```

4. 仿真结果

将 Keil 软件编译生成的十六进制文件加载到芯片中。单击"运行"按钮，启动系统仿真，仿真结果如图 3-9 所示。观察到拨码开关状态和 LED 发光二极管亮灭的关系。

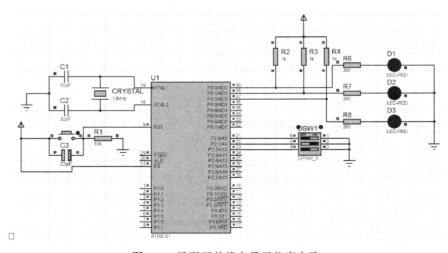

图 3-9　拨码开关状态显示仿真电路

5. 任务小结

本任务通过用 51 单片机设计 3 个发光二极管显示拨码开关状态来掌握 C 语言的基本结

构及常用语句，通过软件设计掌握选择较高代码效率语句的方法。

相关知识

3.3　C 语言基本语句

从程序流程的角度来看，程序可以分为三种基本结构，即顺序结构、分支（选择）结构和循环结构。这三种基本结构可以组成所有的各种复杂程序。C 语言提供了多种语句来实现这些程序结构。

3.3.1　表达语句与复合语句

1. 表达式语句

表达式语句是众多语句中最基本的一种语句。所谓表达式语句就是由一个表达式构成的一个程序语句。单片机 C 语言中所有的语句都是以分号结束，在分号出现之前，语句是不完整的。其一般形式如下：

表达式；

例如：

```
P1=0x00;
P1_0=1;
a=b+c;
i++;
```

2. 复合语句

复合语句就是把多个语句用"{}"括起来组成一个语句，组合在一起形成具有一定功能的模块，这种由若干条语句组成的语句块称为复合语句。复合语句之间用"{}"分隔，而它内部的各条语句需要用";"分隔。复合语句是允许嵌套的。

例如：

```
void main()
{
  bit yunxing,tingzhi;
  while(1)
    {
      yunxing=P3_0;
      tingzhi=P3_1;
      …
      delay(200);
    }
}
```

3.3.2　选择语句

选择语句又称为条件语句（分支语句），此语句能够改变程序的流程。在 C 语言中，选择语句包括 if 语句和 switch 语句，下面分别进行介绍。

1. 基本 if 语句

基本 if 语句的格式如下：

```
if(表达式)
  {
   语句组1;
  }
  else
  {
      语句组2;
  }
```

if 语句的执行过程：当表达式为非 0（true）即真时，则执行语句组 1；当表达式为 0（false）即假时，则执行语句组 2。

其中语句组 2 是可选项，可以默认不写，此时基本 if 语句变成：

```
if（表达式）{语句组;}
```

注意：

（1）当语句组为一条表达式时，"{ }"可以不写，但初学者最好写。

（2）if 语句可以嵌套，C 语言规定：else 语句与同一级别中最近的一个 if 语句匹配。

2. if-else-if 语句

当有多个分支选择时，可采用 if-else-if 语句，其一般格式如下：

```
if(表达式1)
   {
   语句组1;
   }
   else if(表达式2)
   {
      语句组2;
   }
    else if(表达式3)
   {
      语句组3;
   }
   …
    else if(表达式m)
   {
      语句组m;
   }
    else
   {
      语句组n;
   }
```

执行该语句时，依次判断表达式的值，当表达式的值为真时，则执行其对应的语句。然后跳到整个 if 语句之外继续执行程序；如果所有的表达式均为假，则执行语句 n，然后继续执行后续程序。if-else-if 语句的执行过程如图 3-10 所示。

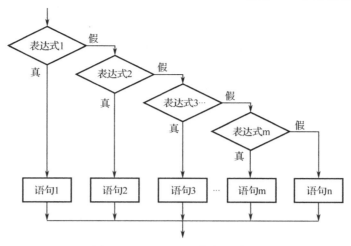

图 3-10　if-else-if 语句执行过程

3. switch 语句

当编程遇到的判断条件较少时（3 个判断条件以下），if 语句执行效果较好，但是当遇到判断条件较多时，if 语句就会降低程序的可读性。C 语言还提供了另一种用于多分支选择的 switch 语句，其一般形式为：

```
switch(表达式)
{
  case 常量表达式 1: 语句组 1;break;
  case 常量表达式 2: 语句组 2;break;
  …
  case 常量表达式 n: 语句组 n;break;
  default: 语句组 n+1;
}
```

执行该语句时，先计算"表达式"的值，并逐个与 case 后面的"常量表达式"的值相比较，当"表达式"的值与某个"常量表达式"的值相等时，即执行其后的语句，再执行 break 语句，跳出 switch 语句的执行，继续执行下一条语句。如表达式的值与所有 case 后的"常量表达式"均不相同时，则执行 default 后的语句。

例如本任务中的源程序使用的以下 switch 语句。

```
switch(button)        //根据 button 不同的值执行相应 case 语句
  {
  case 0x06:P0=led[0];break;
  case 0x05:P0=led[1];break;
  case 0x03:P0=led[2];break;
  case 0x04:P0=led[3];break;
  case 0x01:P0=led[4];break;
  case 0x02:P0=led[5];break;
  case 0x00:P0=led[6];break;
  case 0x07:P0=led[7];break;
  default:break;
  }
```

小提示：

（1）case 后面的"常量表达式"的值不能相同，否则会出现同一个条件有两种以上解决方案的矛盾。

（2）在 switch 语句中，"case 常量表达式"只相当于一个语句标号，表达式的值和某标号相等则转向该标号执行，但不能在执行完该标号的语句后自动跳出整个 switch 语句，所以出现了继续执行所有后面 case 语句的情况。这是与前面介绍的 if 语句完全不同，应特别注意。为了避免上述情况，C 语言还提供了一种 break 语句，专用于跳出 switch 语句，break 语句只有关键字 break，没有参数。

（3）case 语句后，允许有多个语句，可以不用{}括起来。

（4）default 语句后面可以是表示式，也可以是空语句（表示不做任何处理），可以省略不用。

3.3.3 循环语句

在结构化程序设计中，循环程序结构是一种非常重要的程序结构，几乎出现在所有的应用程序中。

循环语句作用：当条件满足时，重复执行程序段，执行程序功能。给定的条件称为循环条件，反复执行的程序段称为循环体。

在 C 语言中，循环程序结构分为三种语句：while 语句、do-while 语句和 for 语句，下面分别对它们加以介绍。

1. while 语句

while 语句的一般形式为：

```
while(表达式)
{
 语句组；      //循环体
}
```

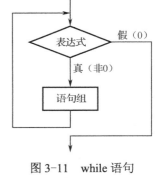

图 3-11   while 语句
执行过程

其中表达式是循环条件，语句组为循环体 while 语句的执行过程是计算表达式的值，当值为真（非 0）时，执行循环体语句；当值为假（0）时，则退出整个 while 循环语句，while 语句执行过程如图 3-11 所示。

小提示：

（1）while 语句中的表达式一般是关系表达或逻辑表达式，只要表达式的值为真（非 0）即可循环。

（2）循环体如包括有一条以上的语句，则必须用{}括起来，组成复合语句。

（3）通常在使用 while 语句进行循环程序设计时，循环体内最好包含修改循环条件的语句，以使循环逐渐趋于结束，避免出现死循环。

例如：用 while 语句计算从 1 加到 100 的值。

```
int i, sum;
i=1;
sum=0;
while(i<=100)
{
 sum=sum+i;
 i++;
}
```

2. do-while 语句

do-while 语句的一般形式为：

```
do
{
 语句组;        //循环体
}while(表达式);
```

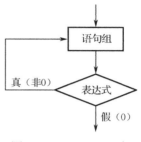

图 3-12　do-while 语句
执行过程

此循环与 while 循环的区别在于：它先执行一次循环中的语句，然后再判断表达式是否为真，如果为真则继续循环；如果为假，则终止循环。因此，do-while 循环至少要执行一次循环语句。do-while 语句执行过程如图 3-12 所示。

例如：用 do-while 语句求 1～100 累加和。

```
main( )
  {
    int i,sum=0;              //循环控制变量 i 初始值为 1，和变量初始值为 0
    i=1;
    do{
       sum=sum+i;            //累加和
       i++;                  //i 增加 1，修改循环控制变量
     }
    while(i<=100);           //判断 i 是否小于等于 100，满足则循环，否则跳出
  }
```

3. for 语句

在 C 语言中，for 语句使用最为灵活，它完全可以取代 while 语句。它的最简单最常用的形式为：

```
for(循环变量赋初值;循环条件;修改循环变量)
{
 语句组;//循环体
}
```

for 语句的执行过程如下：

（1）首先执行"循环变量赋初值"，一般为一个赋值表达式。

（2）判断"循环条件"，若其值为真（非 0），则执行 for 语句中指定的内嵌语句组，然后执行下面第（3）步；若其值为假（0），则结束循环，转到第（5）步。该语句决定什么时候退出循环。

（3）执行"修改循环变量"，定义每一次循环后变量如何变化。

（4）转回上面第（2）步继续执行。

（5）循环结束，执行 for 语句下面一条语句。

其执行过程如图 3-13 所示。

例如：

```
for( i=1;i<=100;i++ )
    {
        sum=sum+i;
    }
```

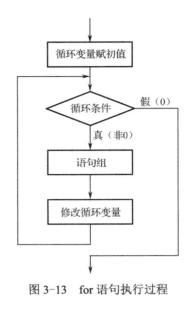

图 3-13　for 语句执行过程

其执行过程是先给 i 赋初值 1，判断 i 是否小于等于 100，若是则执行语句，之后值增加 1。再重新判断，直到条件为假，即 i>100 时，结束循环。相当于：

```
i=1;
while(i<=100)
    {
        sum=sum+i;
        i++;
    }
```

对于 for 循环中语句的一般形式，就是如下的 while 循环形式：

```
循环变量赋初值;
while(循环条件)
    {
        语句组;
        修改循环变量;
    }
```

🔔 **小提示：**

（1）for 循环中的"循环变量赋初值""循环条件"和"循环变量增量"都是选择项，即可以默认，但分号不能默认，当三者都省略时，for 语句格式为 for（;;）。

（2）省略了"循环变量赋初值"，表示不对循环控制变量赋初值。

（3）省略了"循环条件"，则不做其他处理时便成为死循环。

例如：

```
for(i=1; ;i++)
    {
    sum=sum+i;
    }
```

相当于：

```
i=1;
while(1)
    {
        sum=sum+i;
        i++;
    }
```

（4）省略了"循环变量增量"，则不对循环控制变量进行操作，这时可在语句体中加入修改循环控制变量的语句。

例如：

```
for(i=1;i<=100; )
  {
    sum=sum+i;
    i++;
  }
```

三种循环的比较：

（1）while 和 do-while 循环，循环体中应包括使循环趋于结束的语句。

（2）for 语句功能最强，也最常用。

（3）用 while 和 do-while 循环时，循环变量初始化的操作应在 while 和 do-while 语句之前完成，而 for 语句包括实现循环变量的初始化。

> 小提示：for 循环是最常用的循环，它的功能强大，可以代替其他循环。

任务 3-3　汽车转向控制设计与仿真

1. 任务分析

在日常交通运行中，安装在汽车不同位置的信号灯是司机向周围行人和司机传递驾驶状况的语言工具，一般包括左转向灯、右转向灯、刹车灯、倒车灯和雾灯等，司机通过开关或按钮就可以控制这些灯的亮灭。任务要求通过单片机制作发光二极管模拟汽车左右转向灯的控制系统，满足汽车转向灯要求，重点训练三种基本程序结构的设计能力及理解结构化程序设计方法。

2. 电路设计

单片机模拟汽车转向灯控制硬件电路如图 3-14 所示，按键 S1 和 S2 模拟汽车控制按钮，通过上拉电阻接在 P3.0 引脚和 P3.1 引脚，发光二极管模拟汽车转向灯接在 P1.0 和 P1.1 引脚。根据图 3-14 绘制仿真硬件电路图。

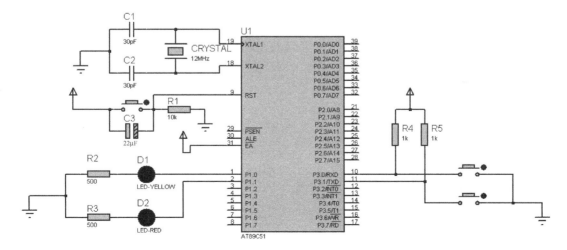

图 3-14　硬件电路图

3. 软件程序设计

```c
//任务 3-3 程序：ex3-3.c
//功能：采用 if-else-if 语句实现模拟汽车左右转向灯控制程序
#include <reg51.h>
#define uchar unsigned char
sbit leftlight=P1^0;              //定义 P1^0 引脚位名称为 leftlight
sbit rightlight=P1^1;             //定义 P1^1 引脚位名称为 rightlight
sbit leftbutton=P3^0;             //定义 P3^0 引脚位名称为 leftbutton
sbit rightbutton=P3^1;            //定义 P3^1 引脚位名称为 rightbutton
void delayms(unit x)              //延时函数
{
uchar i;
while(x--)for(i=0;i<200;i++);
}
void main()                       //主函数
{
while(1)                          //while 循环语句，由于条件一直为真，该语句为无限循环
  {
  if(leftbutton==1&&rightbutton==1) //如果左转向按键和右转向按键都为 1，则全灭
    {
    leftlight=0;                  //左转向灯熄灭状态
    rightlight=0;                 //右转向灯熄灭状态
    delayms(200);                 //延时
    }
  else if(leftbutton==0&&rightbutton==1) //如果只有左转向按键为 0，则左转向灯亮
    {
    leftlight=1;                  //左转向灯点亮状态
    rightlight=0;                 //右转向灯熄灭状态
    delayms(200);
    }
  else if(leftbutton==1&&rightbutton==0) //如果只有右转向按键为 0，则右转向灯亮
    {
    leftlight=0;                  //左转向灯熄灭状态
    rightlight=1;                 //右转向灯点亮状态
    delayms(200);
    }
  else
    {
    leftlight=1;                  //左转向灯点亮状态
    rightlight=1;                 //右转向灯点亮状态
    delayms(200);
    }
    leftlight=0;                  //左、右转向灯熄灭状态，形成闪烁状态
    rightlight=0;
    delayms(200);
```

```
  }
}
```

4. 仿真结果

将 Keil 软件编译生成的十六进制文件加载到芯片中。单击"运行"按钮，启动系统仿真，仿真结果如图 3-15 所示。通过按键 4 种状态可控制转向灯亮灭。

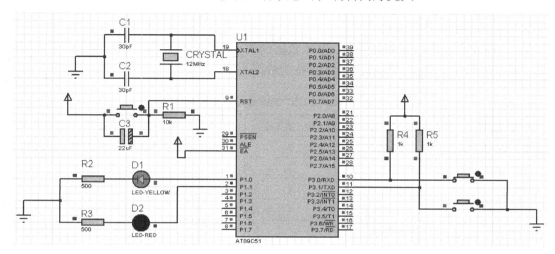

图 3-15   仿真图

5. 任务小结

本任务通过 51 单片机设计 2 个按键控制 2 个发光二极管亮灭来模拟汽车转向灯控制来掌握 C 语言数据类型、运算符、常量、变量、函数定义和调用。

相关知识

3.4   C 语言数据与运算

C51 编译器把数据分成多种数据类型，并提供了丰富的运算符进行数据处理，数据类型、运算符和表达式是 C51 单片机应用程序设计的基础，现在对数据类型和运算符进行介绍。

3.4.1   C 语言数据类型

单片机内部数据是基于二进制原理，内部的数据都是用二进制来表示的。存储器用半导体集成电路构成，它包括大量的小脉冲单元电路（二极管元件）。每个元器件如同一个开关，有两种稳定状态："导通"和"截止"，即电脉冲的"有"和"无"，用 1 和 0 表示。当存储数据时，根据存储数据的数值，将相应的电子元件设置为"导通"和"截止"状态。

数据是单片机操作的对象，任何程序设计都要进行数据处理。具有一定格式的数字或数值称为数据，数据的不同格式称为数据类型。通过数据类型的设置，可以确定数字或数值的取值范围。单片机 C51 语言的基本数据类型如表 3-3 所示。其中，位（bit）又称"比特"，每一个二极管元件称为一个"二进制位"，是存储信息的最小单位，它的值为 1 或 0。单片机内部可位寻址区存放数据就是位类型；字节（byte）又称"拜特"，一个存储器包含很多位，如何直接用"位"来表示和管理，很不方便。80C51 系列单片机是 8 位处理器，处理数据长度是 8 位。8 位组成一个字节，也是最常用的存储单位，例如："4 KB"=4×1 024 B（B 是字节）；单片机存储器包含很多存储单元，这些存储单元以字节为单位编号，单位编号就是存储单元的地址。

在 C 语言中，数据类型可分为：基本数据类型、构造数据类型、指针类型、空类型四大类。表 3-3 列出了 Keil μVision 3 C51 支持的数据类型。

表 3-3　Keil μVision 3 C51 的编译器所支持的数据类型

类 型 说 明	关 键 字	所占字节数	取 值 范 围
有符号整型	signed int	2	−32 768～+32 767
无符号整型	unsigned int	2	0～65 535
有符号长整型	signed long	4	−2 147 483 648～+2 147 483 647
无符号长整型	unsigned long	4	0～4 294 967 295
有符号字符型	signed char	1	−128～+127
无符号字符型	unsigned char	1	0～255
浮点型	float	4	±1.175 494E−38～±3.402 823E+38
指针型	*	1～3	对象的地址
位类型	bit	1 位（1 bit）	0 或 1
可寻址位	sbit	1 位（1 bit）	0 或 1
8 位特殊功能寄存器	sfr	1	0～255
16 位特殊功能寄存器	sfr16	2	0～65 535

注：数据类型中加底色的部分为 C51 扩充数据类型。B 为 byte，b 为 bit。

1. 整型（int）

整型分为有符号整型（signed int）和无符号整型（unsigned int）两种，默认为 signed int。它们都在内存中占 2 个字节，用来存放双字节数据。

表示有符号整型数的 signed int，数值范围为−32 768～+32 767。字节中最高位表示数据的符号，"0"表示正数，"1"表示负数，负数用补码表示。如果超出这个范围，int 数据将会溢出。

将延时函数的变量由 unsigned int 整型定义，具体延时函数如下：

```
void delay (unsigned int i)          //延时函数
    {
      unsigned int j,k;
      for(k=0;k<i;k++)
        {
          for(j=0;j<2000;j++);
```

```
        }
    }
```

在上述延时函数定义中，变量 i、j 和 k 的取值范围为 0～65 535。变量 i 的取值如果取 2 000，在延时函数应用的例子中，可以发现延时时间比较长，原因是延时函数中的循环次数增加了，从而延时时间变长。

> 🔔**小提示：** 在程序中给变量赋值时，变量的实际值不能超过其数据类型的值域，如上例中变量的最大值只能取 65 535。

2. 长整形（long）

long 表示长整形，分为 signed long 和 unsigned long 两种，默认为 signed long。两者在内存中占 4 个字节。有符号长整形 signed long 的数值取值范围是 -2 147 483 648～+2 147 483 647，无符号长整型数 unsigned long 的数值取值范围是 0～4 294 967 295。

3. 字符型（char）

char 表示字符型，分为 signed char 和 unsigned char 两种，默认为 signed char。长度为 1 个字节，用来存放单字节的数据。signed char 类型表示范围为 -128～+127，unsigned char 类型表示范围为 0～255。

> 🔔**小提示：** 在程序设计中，unsigned char 经常用于处理 ASCII 字符或用于处理 0～255 之间的整型数，是使用最广泛的数据类型。

4. 浮点型（float）

float 型在十进制中有 7 位有效数字，符合 IEEE-745 标准的单精度浮点型数据。它在内存中占 4 个字节，字节中最高位表示数据的符号，"1" 表示负数，"0" 表示正数，数值范围是 $\pm1.175494E-38 \sim \pm3.402823E+38$。字母 E（或 e）表示以 10 为底的指数，如 $123E3=123\times1\,000$，但字母之前必须有数字，且之后必须为整数。

> 🔔**小提示：** 纯数学的计算是绝对准确的，不会出现误差，单片机的计算不是理论计算，是用有限的存储单元来存储数据，有可能出现小的误差，这是正常的，同时要考虑减少误差的方法。

5. 指针型（*）

指针型（*）是一种特殊的数据类型，它本身就是一个变量，这个变量存放的是指向另一个数据的地址，它占据一定的内存单元。指针长度一般为 1～3 个字节。根据所指的变量类型不同，可以是整型指针（int *）、浮点型指针（float *）和字符型指针（char *）等。例如 int *point 表示一个整型的指针变量。

6. 位类型（bit）

位类型是单片机 C51 语言编译器的一种扩充数据类型，可以定义一个位类型变量，但不能定义位指针，也不能定义位数组。它的值只能是一个二进制位："0" 或 "1"。

7. 可寻址位（sbit）

可寻址位（sbit）也是单片机 C51 语言编译器的一种扩充数据类型，其作用是可以访问芯片内部 RAM 中的可寻址位或特殊功能寄存器中的可寻址位。其定义方法有三种：sbit 位变量名=位地址；sbit 位变量名=特殊功能寄存器名^位位置；sbit 位变量名=字节地址^位位置。

例如：在程序设计中，如果使用某个输入/输出引脚工作，一般则需要先定义然后再进行读写操作。

```
sbit P1_0=P1^0;        //定义 P1_1 表示 P1 中的 P1.1 引脚
sbit P1_0=0x90;        //也可以用 P1.1 的位地址来定义
```

小提示：在程序设计中，编程者都会书写一条指令 "#include<reg51.h>" 头文件，该头文件包含已定义好的寄存器名称和位名称，编程者在程序中可以直接使用；也可以在程序中利用关键字 sfr 和 sbit 来定义这些特殊功能寄存器和可寻址位名称。

8. 8位特殊功能寄存器（sfr）

8 位特殊功能寄存器（sfr）也是单片机 C51 语言编译器的一种扩充数据类型，占用 1 个字节，值域为 0～255，利用它可以访问单片机内部所有的 8 位特殊功能寄存器。定义方法如下：sfr 特殊功能寄存器=地址常数。

例如：

```
sfr P0=0x80;           //定义 P0 为 P0 端口在片内的寄存器，P0 端口地址为 80H
sfr PSW=0xd0;
```

小提示：sfr 指令后面必须是一个标识符作为寄存器名，名字可任意选取。等号后面是寄存器的地址，必须是 21 个特殊功能寄存器的地址，不允许为带运算符的表达式。

9. 16位特殊功能寄存器（sfr16）

在一些新型 8051 单片机中，特殊功能寄存器经常组合成 16 位来使用。采用关键字 sfr16 可以定义这种 16 位的特殊功能寄存器。例如，对于 8052 单片机的定时器 T2，可采用如下方法来定义：

```
sfr16 T2=0xCC;         //定义 8052 定时器 2，地址为 T2L=CCH，T2H=CDH
```

这里的 T2 为特殊功能寄存器名，等号后面是它的低字节地址，高字节地址必须在物理上直接位于低字节后，2 个字节地址必须是连续的，这种定义方法适用所有新一代的 8051 单片机中新增加的特殊功能寄存器。

3.4.2 C语言运算符

运算符是编译程序执行特定算术或逻辑操作的符号，单片机 C51 语言和 C 语言基本相同，主要有三大运算符：算术运算符、关系与逻辑运算符和位操作运算符，具体如表 3-4 所示。

表 3-4 C 语言的运算符

运 算 符 名	运 算 符
赋值运算符	=
算术运算符	+ - * / % ++ --

续表

运 算 符 名	运 算 符
关系运算符	> < == >= <= !=
逻辑运算符	! && ‖
位运算符	<< >> ~ & | ^
条件运算符	? :
逗号运算符	,
指针和地址运算符	* &
求字节数运算符	sizeof
强制类型转换运算符	（类型）
下标运算符	[]
函数调用运算符	()

1. 赋值运算符

1）赋值表达式及类型转换规则

"="运算符称为赋值运算符，它的作用是将等号右边一个数值赋给等号左边的一个变量，赋值运算符具有右结合性。赋值语句的格式如下：

变量=表达式；

例如：

```
a=3;           //将十进制数3赋予变量a
a=b=0x05;      //将十六进制数05赋予变量b和c
d=e+f;         //将表达式e+f的值赋予变量d
```

赋值的类型转换规则如下：

（1）如果运算符两边的数据类型不一致时，系统自动将右边表达式的值转换左侧变量的类型，再赋给该变量。

（2）实型数据赋给整型变量时，舍弃小数部分。

（3）整型数据赋给实型变量时，数值不变，但以 IEEE 浮点数形式存储在变量中。

（4）长字节整型数据赋给短字节整型变量时，实行截断处理。保留低位字节，截断高位字节。短字节整型数据赋给长字节整型变量时，进行符号扩展。

2. 复合赋值运算符

复合赋值运算符就是在赋值符"="之前加上其他运算符，具体如表 3-5 所示。

其语句格式的表达式如下：

变量 复合赋值运算符 表达式

例如：

```
a+=b;          //a=（a+b）
x*=b+c;        //x=（x*（b+c））
a<<=6;         //a=（a<<6）
```

表3-5　复合赋值运算符

运　算　符	作　　用
+=	加法赋值
-=	减法赋值
*=	乘法赋值
/=	除法赋值
%=	取余赋值
<<=	左移位赋值
>>=	右移位赋值
&=	逻辑与赋值
| =	逻辑或赋值
^=	逻辑异或赋值
~=	逻辑非赋值

3. 算术运算符

单片机 C51 语言包括 7 种算术运算符，具体作用如表 3-6 所示。

表3-6　算术运算符

运　算　符	作　　用
-	减法，求两个数的差，例如 10-5=5
+	加法，求两个数的和，例如 5+5=10
*	乘法，求两个数的积，例如 5*5=25
/	除法，求两个数的商，例如 20/5=4
%	取余，求两个数的余数，例如 20%9=2
++	自增 1，变量自动加 1，例如++j、j++
--	自减 1，变量自动减 1，例如--j、j--

除法运算符两侧的操作数可为整数或浮点数，取余运算符两侧的操作数均为整型数据，所得结果的符号与左侧操作数的符号相同。

++和--运算符只能用于变量，不能用于常量和表达式。

例如：

```
++j;      //表示先加 1，再取值 j
j++;      //表示先取值，再加 1
```

算术运算符和括号将运算对象连接起来的式子称为算术表达式。其中，运算对象包括常量、变量、函数、数组、结构等，算术运算符的优先级和结合性为：先乘除和取模，后加减，括号最优先。

小提示：编程时常将"++"、"--"这两个运算符用于循环语句中，使循环变量自动加 1；也常用于指针变量，使指针自动加 1 指向下一个地址。

4. 关系运算符

在单片机 C51 程序设计中，有 6 种关系运算符，具体如表 3-7 所示。

表 3-7 关系运算符

运 算 符	作 用
>	大于
>=	大于等于
<	小于
<=	小于等于
==	等于
!=	不等于

用关系运算符将运算对象连接起来的式子称为关系表达式。它的一般形式为：

表达式 关系运算符 表达式

关系表达式的值为逻辑值，其结果只能取真（用 1 表示）和假（用 0 表示）两种值。例如：

```
a>=b;     //若 a 的值为 5，b 的值为 3，则结果为 1（真）
c==8;     //若 c=1，则表达式的值为 0（假），若 c=8，则表示式的值为 1（真）
```

其中，<、<=、>、>=这四个运算符的优先级相同，处于高优先级; ==和!=这两个运算符的优先级相同，处于低优先级。此外，关系运算符的优先级低于算术运算符的优先级，而高于赋值运算级的优先级。

5. 逻辑运算符

单片机 C51 语言提供三种逻辑运算符，如表 3-8 所示。逻辑与、逻辑或和逻辑非运算表达式一般形式分别为：

表 3-8 逻辑运算符

运 算 符	作 用
&&	逻辑与（AND）
‖	逻辑或（OR）
!	逻辑非（NOT）

（1）逻辑与　条件式 1 && 条件式 2
（2）逻辑或　条件式 1 ‖ 条件式 2
（3）逻辑非　! 条件式

逻辑表达式的逻辑运算结果如表 3-9 所示。

表 3-9　逻辑运算结果

条件 1	条件 2	逻辑运算		
A	B	!A	A&&B	A‖B
真	真	假	真	真
真	假	假	假	真
假	真	真	假	真
假	假	真	假	假

例如：设 a=5，则（a>0）&&(a<8)的值为"真"（1），而（a<0）&&(a>8)的值为"假"（0），!a 的值为"假"。

和其他运算符比较，优先级从高到低的排列顺序如下：

!→算术运算符→关系运算符→&&→‖→赋值运算符

例如："a>b && c>d" 可以理解为"（a>b）&&（c>d）"，"! a‖b<c" 可以理解为"（! a）‖（b<c）"。

6. 位运算符

单片机 C51 语言支持位运算符，这使其具有了汇编语言的一些功能，能够支持 I/O 端口的位操作，使程序设计具有强大灵活的位处理能力。C51 语言提供了 6 种位运算符，具体如表 3-10 所示。位运算的作用是按照二进制位对变量进行运算，其真值表如表 3-11 所示。

表 3-10　位运算符

运 算 符	作 用
～	按位取反，即将 0 变 1，1 变 0
<<	左移，例如：a<<4，a 中数值左移动 4 位，右端补 0
>>	右移，例如：a>>4，a 中数值右移动 4 位，对无符号位左端补 0。如果 a 为负数，即符号位为 1，则左端补入全为 1
&	按位与，两位都为 1 则结果为 1，有一位为 0 则结果为 0
^	按位异或，两位数值相同为 0，相反为 1
｜	按位或，两位中有一位为 1 则结果为 1，两位都为 0 则结果为 0

表 3-11　位运算符的真值表

位变量 1	位变量 2	位运算				
A	B	～A	～B	A&B	A｜B	A^B
0	0	1	1	0	0	0
0	1	1	0	0	1	1
1	0	0	1	0	1	1
1	1	0	0	1	1	0

小提示： 上表排列顺序是按照由高到低的优先级，位运算符是按位对变量进行运算，并不改变变量的值，且不能对浮点型数据进行操作。

7. 条件运算符

条件运算符的一般格式为：

逻辑表达式 ？ 表达式 1：表达式 2

如果逻辑表达式的值为真，则将表达式 1 的值赋给逻辑表达式；如果逻辑表达式的值为假，则将表达式 2 的值赋给逻辑表达式。

例如：

```
a=10;
min=a<15?30：20;        //结果是变量 min 的值为 30
```

8. 逗号运算符

逗号表达式的一般形式为：

表达式 1,表达式 2,…,表达式 n

程序从左到右依次计算出各个表达式的值，逗号中最右边表达式的值就是整个逗号表达式的值。

例如：

```
a=(b=5,c=10);          //a 的最后值为 10
```

9. 指针变量、指针和地址运算符

1）指针变量的定义

数据类型　　*指针变量名;

例如：

```
int i,j,k,*p;          //定义整型变量 i，j，k 和整型指针变量 p
```

2）为变量 i 赋值的方法

为变量赋值的方法有两种。

（1）直接方式

```
i=100;
```

（2）间接方式

```
p=&i;                  //变量 i 的地址送给指针变量 p，p=200
*p=100;                //将整数 100 送入 p 指向的存储单元中，即地址为 200 的单元
```

3）指针和地址运算符

"&"运算符为地址运算符，"*"运算符为指针运算符，它们都是单目运算符。

（1）取地址运算符

取地址运算符&是单目运算符，其功能是取变量的地址，一般形式为：

指针变量=&目标变量

（2）取内容运算符

取内容运算符*是单目运算符，用来表示指针变量所指单元的内容，在*运算符之后跟的必须是指针变量，一般形式为：

变量=*指针变量

例如 1：

```
b=&a;                  //将变量 a 的地址赋给 b，b 为 a 对应的内存地址
c=*b;                  //地址 b 所指单元的值赋给 c，c 为地址 b 所指单元的值
```

例如2：

```
int i,*p;
p=&i;                    //把一个变量的地址赋予指向相同数据类型的指针变量
```

例如3：

```
int i,*p,*ptr;
p=&i;
ptr=p;                   //把一个指针变量的值赋予指向相同类型变量的另一个指针变量
```

例如4：

```
int a[5],*pa;
pa=&a[0];                //把数组的首地址赋予指向数组的指针变量，pa=如何就是pa=a。
```

例如5：

```
unsigned char  *cp;
cp="Hello World!";//把字符串的首地址赋予指向字符类型的指针变量
```

10．求字节数运算符

sizeof 运算符返回变量或类型的字节长度。

一般形式为：

sizeof（表达式或数据类型）

例如：

```
sizeof（long）为 4 个字节
sizeof（int）为 2 个字节
```

3.5 常量和变量

单片机 C51 语言程序设计中处理的数据有常量和变量两种形式。常量是指在程序执行期间其值固定不变的量。变量是指在程序执行过程中其值能发生变化的量。

3.5.1 常量

常量包括整型常量（整型常数）、浮点型常量（有十进制表示形式和指数表示形式）、字符型常量（单引号内的字符）及字符串常量（双引号内的单个或多个字符）等。例如：

```
12：十进制整型常量
-60：十进制整型常量
0x14：十六进制整型常量，十六进制以 0x 开头
-0x1B：十六进制整型常量
o17：八进制整型常量，八进制以字母 o 开头
0.1：浮点型常量
123e5：浮点型常量
'a'：字符型常量
"a"：字符串常量
"Hello"：字符串常量
```

> **小提示：** 字符串常量"a"和字符常量'a'是不相同的，字符串常量"a"在存储时系统会自动在字符串尾部加上"\0"转义字符以作为该字符串的结束符。因此，字符串常量"a"其实包含两个字符：字符"a"和字符"\0"，在存储时多占用 1 个字节。

3.5.2 变量

在使用变量之前，必须先进行定义，用一个标识符作为变量名并指出其数据类型和存储模式，以便编译系统为它分配相应的存储单元。在单片机 C51 语言中对变量的定义格式如下：

[存储种类] 数据类型 [存储器类型] 变量名；

其中，[]内选项是可选项。变量的存储种类有 4 种：自动（auto）、外部（extern）、静态（static）和寄存器（register）。定义变量时如果省略存储种类选项，则默认为自动变量。

1. 存储种类

1）自动变量（auto）

自动变量是单片机 C51 语言中使用最为广泛的一种类型，大多数变量都属于自动变量。自动变量的作用范围仅在定义该变量的个体内，即在函数中定义的自动变量，只在该函数内有效；在复合语句中定义的自动变量只在该复合语句中有效。一般自动变量没有标 auto，自动变量只有在定义该变量的函数被调用时，才分配给它存储单元，一旦退出函数，分配给它的存储单元就会立即消失。例如：

```
auto int b,c=3; //auto 可以省略
```

2）外部变量（extern）

外部变量可以被程序中的所有函数引用，是在函数外部定义的变量。它的作用范围是整个程序。如果一个外部变量对象要在被定义之前使用，或被定义在另一个源文件里，那就必须使用关键字 extern 进行声明，设置外部变量的作用是增加函数间数据联系的通道，通常将外部变量的第一个字母用大写表示。

3）静态变量（static）

静态变量就是希望函数中局部变量的值在函数调用结束后不消失而继续保留原值，即其占用的存储单元不释放，在下一次该函数调用时，该变量已有值就是上一次函数调用结束时的值。静态变量是在类型定义语句之前加关键字 static，在函数外部定义的就称为外部静态变量，在函数内部定义的就称为内部静态变量，它们都是静态分配空间的。内部静态变量作用范围仅限于静态变量的函数内部，并始终占有内存单元，在进入时赋予初始值。当退出该函数后，尽管该变量值还继续存在，但不能使用它。

4）寄存器变量（register）

在单片机 C51 语言程序设计中，如果有一些变量使用频繁，则为了存取变量的值花费不少时间，为了提高执行效率，将局部变量的值放在 CPU 的寄存器（可以理解为是一种超高速的存储器）中，需要用时直接从寄存器取出参加运算。由于对寄存器的存取速度远高于对内存的存取速度，因此这样做可以提高执行效率，这种变量叫做寄存器变量。例如：

```
register int i;      //定义 i 为寄存器变量
```

2. 存储器类型

单片机 C51 语言将程序存储器和数据存储器分开，Keil C51 编译器所能识别的存储器类型如表 3-12 所示。

表 3-12　Keil C51 编译器所能识别的存储器类型

存储器类型	说　　明
DATA	直接寻址的片内数据存储器（128 B），访问速度最快
BDATA	可位寻址的片内数据存储器（16 B），允许位与字节混合访问
IDATA	间接访问的片内数据存储器（256 B），允许访问全部片内地址
PDATA	分页寻址的片外数据存储器（256 B）
XDATA	片外数据存储器（64 KB）
CODE	程序存储器（64 KB），变量可固化在程序存储区

变量的存储器类型可以和数据类型一起使用。

例如：

```
int data a;          //整型变量 a 定义在内部数据存储器中
int xdata  b;        //整型变量 b 定义在外部数据存储器中
```

一般在定义变量时经常省略存储器类型的定义，采用默认的存储器类型，而默认的存储器类型与存储器模式有关。Keil C51 编译器支持的存储器模式如表 3-13 所示。

表 3-13　存储器模式说明

存储器模式	说　　明
small	参数及局部变量放入可直接寻址的内部数据存储器中（最大 128 B，默认存储器类型为 data）
compact	参数及局部变量放入外部数据存储器的前 256 B 中（最大 256 B，默认存储器类型为 pdata）
large	参数及局部变量直接放入外部数据存储器中（最大 64 KB，默认存储器类型为 xdata）

1）small 模式

变量被定义在单片机的片内数据存储器中，对这种变量的访问速度最快。另外，所有的对象，包括堆栈，都必须位于片内数据存储器中。该模式的优点是访问速度快，缺点是空间有限。该模式适合较小的程序。

2）compact 模式

变量被定义在分页寻址的片外数据存储器中，每一页片外数据存储器的长度为 256 B。该模式的优点是变量定义空间比 small 模式大，但运行速度比 small 模式慢。

3）large 模式

变量被定义在片外数据存储器中（最大可达 64 KB），该模式的优点是空间大，可定义变量多，缺点是速度较慢，这种访问数据的方法效率不高。一般用于较大的程序。

🔔小提示：

（1）在编写程序时习惯上将符号常量的标识符用大写字母表示，而变量标识符用小写字母来表示，以示两者的区别。

（2）在编写程序时如果不进行负数运算，应尽可能使用无符号字符变量或位变量，因为它们能被 C51 直接接受，可以提高程序运算的速度。

3.6　C 语言函数

C 语言程序是由函数组成的。虽然每个程序有且只有一个主函数 main()，但都包含多个具有特殊功能的子函数，因此函数是 C 语言程序的基本模块，通过对函数模块的调用能实现特定的功能。在编写程序时，用户可把自己的算法编成一个个相对独立的函数模块，然后用调用的方法来使用函数。可以说 C 程序的全部工作都是由各式各样的函数完成的，所以也把 C 语言称为函数式语言。由于采用了函数模块式的结构，C 语言易于实现结构化程序设计，该设计能够使程序的层次结构清晰，便于程序的编写、阅读、调试。

3.6.1　函数分类

从 C 语言程序的结构上划分，C 语言函数分为主函数 main()和子函数两种。而对于子函数，从不同的角度或以不同的形式又可分为：库函数和用户自定义函数。

1. 库函数

库函数也称为标准函数或标准库函数，是由 C51 的编译器提供的，用户无须定义，也不必在程序中作类型说明，只需在程序前给出包含有该函数原型的头文件即可在程序中直接调用。

Keil C51 编译器提供了 100 多个标准库函数供使用。常用的 C51 库函数包括 I/O 函数库、标准函数库、字符函数库、字符串函数库、内部函数库、数学函数库和绝对地址访问函数库等。使用库函数会大大地减少开发时间，并且编程思路清晰而且丰富了程序的功能。每个库函数都在相应的头文件中给出了函数原型声明，在使用时必须在源程序的开始使用预处理命令#include 将有关的头文件包含进来。例如：

```
#include <reg51.h>
#include <intrins.h>
```

2. 用户自定义函数

用户自定义函数是由用户按需要写的函数。从函数定义的形式上划分为：无参数函数、有参数函数和空函数。

无参数函数：此种函数被调用时，即没有参数输入，也没有返回结果给调用函数，它是为了完成某种操作而编写的。

有参数函数：在调用此种函数时，必须提供实际的输入参数，必须说明与实际参数一一对应的形式参数，并在函数结束时返回结果供调用它的函数使用。

空函数：此种函数体内无语句。调用此种函数时，什么工作也不做。而定义此种函数的目的并不是为了执行某种操作，而是为了以后程序的扩充。

对于用户自定义函数，不仅要在程序中定义函数本身，而且在主调函数模块中还必须对该被调函数进行类型说明，然后才能使用。

3.6.2　函数定义及调用

在程序中通过对函数的调用来执行函数体，其过程与其他语言的子程序调用相似，现在对函数进行介绍。

1. 函数定义

函数定义的一般形式如下：

```
函数类型　函数名（形式参数表）
形式参数说明；
{
局部变量定义；
函数体语句；
return 语句；
}
```

1）函数类型

函数类型说明自定义函数返回值的类型。分为两种：有返回值函数和无返回值函数。有返回值函数：此类函数被调用执行完后将向调用者返回一个执行结果，称为函数返回值，如数学函数。由用户定义的这种要返回函数值的函数，必须在函数定义和函数说明中明确返回值的类型，即将函数返回值的数据类型定义为函数类型。无返回值函数：此类函数用于完成某项特定的处理任务，执行完成后不向调用者返回函数值。这类函数类似于其他语言的过程。由于函数无须返回值，用户在定义此类函数时可指定它的返回为"空类型"，空类型的说明符为"void"。例如，前面介绍的无返回值 delay()函数，其定义格式为：void delay（unsigned char i）。

> 🔔 **小提示**：一个函数只能有一个返回值，该返回值是通过函数中的 return 语句获得的。若没有指定返回值的类型，默认返回值为整型类型。

2）函数名

函数名是自定义函数的名字，函数名必须是合法标识符，各函数名的定义是独立的。

3）形式参数表

形式参数表给出函数被调用时传递数据的形式参数，形式参数的类型必须说明。如果定义的是无参数函数，可以没有形式参数表，但是圆括号不能省略。

> **小知识**：
>
> （1）无参函数：函数定义、函数说明及函数调用中均不带参数。主调函数和被调函数之间不进行参数传送。此类函数通常用来完成一组指定的功能，可以返回或不返回函数值。
>
> （2）有参函数：也称为带参函数。在函数定义及函数说明时都有参数，称为形式参数（简称为形参）。在函数调用时也必须给出参数，称为实际参数（简称为实参）。进行函数调用时，主调函数将把实参的值传送给形参，供被调函数使用。

4）局部变量定义

局部变量定义是对函数内部的局部变量进行定义，也称为内部变量。

5）函数体语句

函数体语句实现函数功能而编写的语句。

6）return 语句

return 语句用于返回函数执行的结果。

小提示：

（1）函数的值只能通过 return 语句返回主调函数。

（2）函数值的类型和函数定义中函数的类型应保持一致。如果两者不一致，则以函数类型为准，自动进行类型转换。

（3）如函数值为整型，在函数定义时可以省去类型说明。

（4）不返回函数值的函数，可以明确定义为"空类型"，类型说明符为"void"。为了使程序有良好的可读性并减少出错，凡不要求返回值的函数都应定义为空类型。

在 C 语言中，所有的函数定义，包括主函数 main 在内，都是平行的。也就是说，在一个函数的函数体内，不能再定义另一个函数，即不能嵌套定义。但是函数之间允许相互调用，也允许嵌套调用。习惯上把调用者称为主调函数。

main 函数是主函数，它可以调用其他函数，而不允许被其他函数调用。因此，C 程序的执行总是从 main 函数开始，完成对其他函数的调用后再返回到 main 函数，最后由 main 函数结束整个程序。一个 C 源程序必须有也只能有一个主函数 main。

小提示： 定义函数时，通常加头部注释，函数头部注释应包括函数名称、函数功能、入口参数、出口参数等内容。如有必要还可增加作者、创建日期、修改记录（备注）等相关项目。函数头部注释放在每个函数的顶端，用 "/*……*/" 的格式包含。其中函数名称应简写为 Name()，不加入口、出口参数等信息。

```
/*****************************************************
函数名称：
函数功能：
入口参数：
出口参数：
备  注：
*****************************************************/
```

2. 函数调用

函数调用的一般形式为：

函数名（实际参数列表）

在一个函数中需要用到某个函数的功能时，就调用该函数。调用者称为主调函数，被调用者称为被调函数。若被调函数是有参函数，则主调函数必须把被调函数所需的参数传递给被调函数。传递给被调函数的数据称为实际参数，简称实参。若被调函数是无参函数，则调用该函数时，可以没有参数列表，但括号不能省。被调函数执行完后再返回主调函数继续执行剩余程序。在实际参数列表中各个参数之间用逗号隔开，实参与形参要数量相等，类型一致，顺序对应。例如在主函数中常调用的延时函数。

```
void main( )              //让 P1_0 口外接的发光二极管进行闪烁控制
    {
    while(1){
```

```
    P1_0=0;
        delay(500);
        P1_0=1;
        delay(500);
            }
}
```

> **小提示**：实参对形参的数据传递是单向的，即只能将实参传递给形参。

根据被调用函数在主调用函数中出现的位置，函数调用有三种形式。

1）函数语句。被调用函数以主调用函数的一条语句的形式调用。

例如：

```
P1_0=0;
delay (200);
```

> **小提示**：被调用函数只是完成一定的操作，实现特定的功能。

2）函数表达式。被调用函数以一个运算对象的形似出现在一个表达式中。这种表达式称为函数表达式。

例如：

```
c=8*min(a,b);
```

> **小提示**：被调用函数返回一定的数值，并以该数值参加表达式的运算。

3）函数参数。被调用函数作为另一个函数的实参或者本函数的实参。

例如：

```
m=min (a,min (b,c) );
```

> **小提示**：在一个函数中调用另一个函数必须具备下列条件。
>
> （1）被调用函数必须是已经存在的函数（如标准库函数或者用户自己已经定义的函数）。
>
> （2）函数在调用之前必须对函数进行声明（一般在程序头部）。
>
> （3）如果程序使用了标准库函数，则要在程序的开头用#include 预处理命令将调用函数所需要的信息包含在本文件中，如果不是在本文件中定义的函数，在程序开始要用 extern 修饰符进行函数原型说明。

项目小结

本项目叙述了 MCS-51 系列单片机并行 I/O 端口的结构、功能和操作方法，以及 C 语言的程序结构、基本语句、数据类型、运算符、表达式及结构化设计方法。主要内容包括：

1. 80C51 系列单片机有 4 个并行 I/O 口：P0 口、P1 口、P2 口和 P3 口，每个口都有 8 个引脚，共 32 个 I/O 引脚，它们都是双向通道，每个 I/O 端口都能独立用作输入/输出数据，P0 又可以作为地址总线低 8 位/数据总线，P1 口无第二作用（仅仅具有输入/输出数据作用），P2 口又可以作为地址总线高 8 位，P3 口还有重要的第二功能。

2. 函数是 C 语言程序的基本组成模块单位。一个 C 语言程序就是由一个主函数 main() 和若干个模块化的子函数构成，C 语言程序也称为函数式语言。C 语言程序总是由主函数开始执行，由主函数根据芯片外部接口情况和指令编写来调用其他子函数，子函数可以有若干个。一个函数由两部分组成的：函数定义和函数体。

3. C 语言的基本语句包括表达式语句、赋值语句、if 语句、switch 语句、while、do-while 和 for 语句等。

4. C 语言除了具有标准 C 的所有标准数据类型外，还扩展了一些特殊的数据类型：bit、sbit、sfr 和 sfr16，用于访问 8051 的特殊功能寄存器和可寻址位。

5. 在使用变量之前，必须先进行定义，用一个标识符作为变量名并指出它的数据类型和存储模式，以便编译系统为它分配相应的存储单元。

习题 3

一、选择题

1. 80C51 系列单片机有 4 个并行 I/O 口，分别是（　　），每个口都有 8 个引脚。
A. P0 口　　　　　　B. P1 口　　　　　　C. P2 口　　　　　　D. P3 口

2. P0 口的第一功能是 8 位漏极开路的准双向 I/O 口。第二功能是在访问外部存储器时，分时用作（　　）。
A. 低 8 八位地址线　　B. 双向数据总线　　C. 高 8 八位地址线　　D. 单向数据总线

3. 外部扩展存储器时，分时复用做数据线和低 8 位地址线的是（　　）。
A. P0 口　　　　　　B. P1 口　　　　　　C. P2 口　　　　　　D. P3 口

4. 下面叙述不正确的是（　　）
A. 一个 C 源程序可以由一个或多个函数组成
B. 一个 C 源程序必须包含一个函数 main()
C. 在 C 程序中，注释说明只能位于一条语句的后面
D. C 程序的基本组成单位是函数

5. C 程序总是从（　　）开始执行的。
A. 主函数　　　　　　B. 主程序　　　　　　C. 子程序　　　　　　D. 主过程

6. 结构化程序设计的三种基本结构分别为（　　）。
A. 顺序结构　　　　　B. 选择结构　　　　　C. 循环结构　　　　　D. 子程序

7. 一个 C 语言程序就是由一个（　　）和若干个模块化的子函数构成，C 语言程序也称为函数式语言。
A. 主函数　　　　　　B. 主程序　　　　　　C. 子程序　　　　　　D. 主过程

8. 一个函数由两部分组成：（　　）
A. 主函数　　　　　　B. 主程序　　　　　　C. 函数定义　　　　　D. 函数体

9. 在 C 语言中，循环程序结构分为 3 种语句：（　　）。
A. while 语句　　　　B. do-while 语句　　　C. for 语句　　　　　D. if 语句

10．单片机 C51 语言程序设计中处理的数据有（　　）两种形式。

A．整型　　　　　　B．常量　　　　　　C．变量　　　　　　D．浮点型

二、填空题

1．C 语言的基本语句包括_____、_____、_____、_____、_____、_____、_____。

2．C 语言除了具有标准 C 的所有标准数据类型外，还扩展了一些特殊的数据类型：_____、_____、_____和_____，用于访问 8051 的特殊功能寄存器和可寻址位。

3．函数在调用之前必须对函数进行_____。

4．如果程序使用了标准库函数，则要在程序的开头用_____预处理命令将调用函数所需要的信息包含在本文件中。

5．根据被调用函数在主调用函数中出现的位置，函数调用有 3 种形式：_____、_____、_____。

6．一个函数只能有一个_____，该返回值是通过函数中的_____语句获得的。

7．用户自定义函数是由用户按需要写的函数。从函数定义的形式上划分为：_____、_____和_____。

8．运算符是编译程序执行特定算术或逻辑操作的符号，单片机 C51 语言和 C 语言基本相同，主要有 3 大运算符：_____、_____和_____。

9．变量的存储种类有 4 种：_____、_____、_____和_____。

10．P1 口的功能只能作为 8 位漏极开路的_____I/O 口。

三、上机操作题

1．修改任务 3-1 程序，使 16 个发光二极管循环点亮。

2．修改任务 3-2 程序，显示 8 个拨码开关通断状态。

3．修改任务 3-3 程序，模拟具有前后左转向灯和前后右转向灯共 4 个灯的情况。

项目 4

单片机接口技术

　　本项目通过单片机设计的开关状态数码显示电路、脉冲计数电路、点阵显示电路、单独键盘设计电路、简单计数器电路，介绍单片机内部定时器/计数器及与数码管、点阵、键盘的接口技术及中断系统，通过学习提高学生对硬件电路和应用程序设计的操作能力。

知识重点	1. 数组的概念与应用 2. LED 数码管 3. LED 点阵 4. 键盘接口技术 5. 单片机定时器/计数器 6. 中断系统
知识难点	1. LED 数码管动态显示 2. 定时器/计数器的程序设计 3. 中断系统
建议学时	20 学时
教学方式	从具体任务入手，由简入难，通过对多个任务硬件电路和应用程序的分析与设计，掌握单片机定时器/计数器、键盘接口、中断系统的编程技巧，并让学生熟悉单片机与显示器件的接口技术
学习方法	讨论法　动手实操法　理解例程→修改例程→编写新例程

任务 4-1　开关状态数码显示电路设计与仿真

1. 任务分析

任务要求采用单片机制作一个拨码开关状态数码管显示电路，使用 4 位拨码开关作为输入，1 位共阴极数码管作为输出，数码管对应 4 位拨码开关的二进制输入相应显示十六进制全部字符即 0～9、a～f。

2. 电路设计

拨码开关状态数码管显示硬件电路如图 4-1 所示。电路由最小系统电路、开关控制电路和显示电路 3 部分组成。单片机 P1 口的 P1.0、P1.1、P1.2、P1.3 与拨码开关相连，拨码开关另一端接到+5 V。由单片机 P0 口通过限流电阻接到数码管的 8 个段控制端，这里采用共阴极数码管，因此公共端接地，同时 P0 口外接 8 个上拉电阻接到+5 V。通过改变拨码开关状态，即可使数码管显示相应内容。

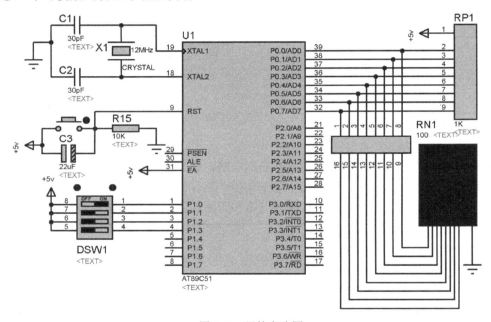

图 4-1　硬件电路图

3. 软件程序设计

本任务只控制一个数码管进行显示，因此采用静态显示方式。程序设计中采用定义一维数组用于存放数码管显示字符 0～9、a～f 的字形编码。将 4 位拨码开关状态赋值给 P1 口，确定显示内容，并以数组形式将相应的字形编码赋值给 P0 口，从而实现功能。

程序设计如下：

```
//任务 4-1 程序：ex4-1.c
//功能：拨码开关状态数码管显示
#include <reg51.h>                    //预处理命令，定义 51 单片机各寄存器的存储器映射
unsigned char led[]={0x3f,0x06,0x5b,0x4f,0x66,0x6d,0x7d,0x07,0x7f,0x6f,
  0x77, 0x7c,0x39,0x5e,0x79,0x71}; //定义数组 led 存放 0～9、a～f 的字形码
```

```
void delay(unsigned char i);              //延时函数声明
void main()                               //主函数
{
    unsigned char i;                      //定义无符号字符型变量i
    while(1) {
        P1=0x00;                          //P1口清0
        i=P1;                             //P1口接收状态赋值给变量i
        P0=led[i];                        //将数组中字形编码赋值给P0口
        delay(200);
            }
}
void  delay(unsigned char i)              //延时函数
{
    unsigned char j,k;                    //定义无符号字符型变量j和k
    for(k=0;k<i;k++)                      //双重for循环语句实现软件延时
      for(j=0;j<255;j++);
}
```

4. 仿真结果

将 Keil 软件编译生成的十六进制文件加载到芯片中。单击"运行"按钮，启动系统仿真，仿真结果如图 4-2 所示。观察到通过拨码开关可以控制数码管显示 0~9、a~f。

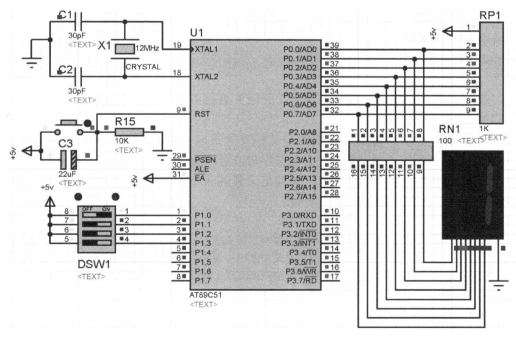

图 4-2　仿真图

5. 任务小结

本任务采用单片机实现拨码开关状态数码管显示电路，用 P1 口接收拨码开关状态，控制连接到 P0 口的 1 位共阴极数码管，使其做出相应显示内容。通过对任务硬件电路和软件程序的设计，让读者掌握 LED 数码管的结构、原理、显示方式和单片机与 LED 数码管接口电路设计方法，学习 C 语言中数组的概念及应用。

相关知识

4.1 数组的概念

数组就是把若干个相同数据类型的元素按一定顺序排列的集合，并把各元素用统一的名字命名，然后用编号进行区分，这个名字称为数组名，编号称为下标。数组中各个元素称为数组的分量，也称为数组元素，每个数组元素由数组名和下标唯一标识。数组可以用相同名字引用一系列变量，当需要处理若干相同类型的数据时，可以缩短和简化程序，便于程序设计。

在 C 语言中，数组属于构造数据类型。按数组元素的数据类型可分为：数值数组、字符数组、指针数组等；按照数组维度可分为：一维数组、二维数组、多维数组等。

1. 一维数组

1）一维数组定义及数组元素的引用

一维数组就像数学中的数列，各元素排成一排，只需一个下标就可以确定数组元素的相对位置。程序设计时，要想使用数组，必须先要对其进行定义。

一维数组定义形式为：

类型说明符 数组名[常量表达式]；

说明：

（1）类型说明符：定义了数组中每一个元素的数据类型，同一个数组，所有数组元素具有相同的数据类型；

（2）数组名：由用户定义，但不能与其他变量重名。命名规则遵循标识符命名规则（由字母、数字和下画线组成，第一位必须是字母或者下画线，不能是数字）；

（3）常量表达式：表示数组长度，即数组元素的总个数，可以为常量和符号常量，不能为变量，数组定义后其长度固定不能改变。

正确示例：

```
int name[6];                //定义整型数组 name，有 6 个数组元素；
float a_6[10];              //定义实型数组 a_6，有 10 个数组元素；
char i,n[8],page[1+2];      //定义字符型变量 i，数组 n（8 个元素），数组 page
                           //（1+2 个元素）；
```

错误示例：

```
int num(5);
char 123_g[3];
char i,a[5+i];
float b,b[7];
```

 小思考： 找出上面示例中的错误。

数组元素是组成数组的基本单元，必须先定义数组，才能使用数组元素。C 语言中使用数组时不能一次引用整个数组，只能对数组元素进行依次引用。

数组元素的一般表示形式：

数组名 [下标]

说明：

（1）下标表示元素在数组中的位置，只能是整型常量或整型表达式；

（2）下标不能越界。

例如：

```
int c1[6];              // 定义整型数组 c1，有 6 个数组元素；
```

则数组元素分别为 c1[0]、c1[1]、c1[2]、c1[3]、c1[4]、c1[5]，其中 0、1、2、3、4、5 称为下标，注意下标从 0 开始，c1[6]下标越界，不是该数组元素。

合法的数组元素：c1[2]=c1[0]+c1[2+3];c1[j++]。

2）一维数组初始化

数组的初始化是指在定义数组时对数组元素进行赋值，一般格式为：

类型说明符 数组名 [数组长度]={各数组元素值}；

例如：

```
int n[5]={0,1,2,3,4,};   //各数值之间用“,”分开。则 n[0]=0,n[1]=1,
                         // n[2]=2,n[3]=3,n[4]=4。
```

数组初始化有以下两种方法：

（1）对全部数组元素赋初值。

例如：

```
char a[8]={1,2,3,4,5,6,7,8};
```

此时数组定义中数组长度可以省略不写，根据数组元素的个数判断其长度。

例如：

```
char b[ ]={1,2,3,4,5};      // 等价于 char b[5]={1,2,3,4,5};
```

（2）对部分数组元素赋初值。

例如：

```
char a[8]={1,2,3};          //表示只给前 3 个数组元素赋初值，其余元素值为 0
```

即：a[0]=1、a[1]=2、a[2]=3、a[3]=0、a[4]=0、a[5]=0、a[6]=0、a[7]=0。

例如：

```
char a[8]={0};              //表示数组元素值全部为 0。
```

> **小提示：** 在进行数码管显示程序设计时，数码管的字形编码为数据类型相同的若干个元素，可以使用定义一维数组的方式，简化程序的编写。

2. 二维数组

1）二维数组定义及数组元素的引用

二维数组就像数学中的矩阵，各元素先排成排，各排再排成列。需要两个下标才能唯一确定出数组元素。二维数组定义形式为：

类型说明符 数组名 [常量表达式 1] [常量表达式 2]；

说明：

（1）常量表达式 1：表示第一维下标长度（行数）。

（2）常量表达式 2：表示第二维下标长度（列数）。

例如：

```
int name[2][3];          //定义整型二维数组 name，2 行 3 列共有 6 个数组元素；
```

二维数组元素的一般表示形式：

数组名 [下标 1] [下标 2]

说明：

（1）下标 1 为行标，下标 2 为列标共同确定元素在数组中的位置，只能是整型常量或整型表达式；

（2）下标不能越界。

例如：

```
int name[2][3];          //则数组元素分别为 name[0][0]，name[0][1]，
                         //name[0][2]，name[1][0]，name[1][1]，name[1][2]
```

注意行标和列标都是从 0 开始，如 name[1][1] 表示数组 name 的第 2 行第 2 列的元素，name[2][3] 下标越界，不是该数组元素。

在 C 语言中，二维数组是按行排列的，即存完一行后，顺序存入第二行。

2）二维数组初始化

（1）对全部数组元素赋初值。

分行赋值：

```
char b[2][4]={{1,2,3,4},{5,6,7,8}};   //赋值后数组个元素为
```
$\begin{pmatrix}1\ 2\ 3\ 4\\5\ 6\ 7\ 8\end{pmatrix}$ 按行连续赋值

```
char b[2][4]={1,2,3,4,5,6,7,8};       //赋值后数组个元素为
```
$\begin{pmatrix}1\ 2\ 3\ 4\\5\ 6\ 7\ 8\end{pmatrix}$ 对全部数组元

//素赋初值时，可省略第一位长度

```
char b[][4]={1,2,3,4,5,6,7,8};        //赋值后数组个元素为
```
$\begin{pmatrix}1\ 2\ 3\ 4\\5\ 6\ 7\ 8\end{pmatrix}$

（2）对部分数组元素赋初值，未赋值元素自动取 0。

分行赋值：

```
int c[2][3]={{2,3},{5,6}};            //赋值后数组个元素为
```
$\begin{pmatrix}2\ 3\ 0\\5\ 6\ 0\end{pmatrix}$

```
或 int c[2][3]={{2},{1,9}};           //赋值后数组个元素为
```
$\begin{pmatrix}2\ 0\ 0\\1\ 9\ 0\end{pmatrix}$

按行连续赋值：

```
int c[2][3]={0,1,2,3};                //赋值后数组个元素为
```
$\begin{pmatrix}0\ 1\ 2\\3\ 0\ 0\end{pmatrix}$

> 🔔**小提示**：在进行 LED 点阵显示程序设计时，可以使用定义二维数组的方式，简化程序的编写。

3. 字符型数组

字符型数组也是一维或二维数组，它的数组元素都是字符型变量。字符数组的定义、引用和初始化方法与一维数组相同。

例如：

```
char num[5];                        //定义字符型数组num,数组中有5个数组元素
char num[5]={ 'h' , 'a' , 'p' , 'p' , 'y' }; //数组初始化
```

注：数组元素值由 ' ' 括起来。若只对部分元素赋值，则未赋值元素系统赋予空格字符 '\0'。也可用字符串常量赋值，例如：

```
char num[5]={ "happy" };
```

或

```
char num[5]= "happy" ;
```

小提示：在进行 LCD 液晶显示程序设计时，可以使用定义字符数组的方式，简化程序的编写。

4.2　单片机与数码管接口

在单片机应用系统中，显示装置是重要的人机交互设备之一，是单片机应用系统中最基本的输出设备。常用的显示器件有发光二极管、LED 数码管、点阵和 LCD 液晶显示器等。如果应用系统中只需要显示简单的数字或字母等信息，例如显示时间、日期、温度、运行状态等，LED 数码管可谓是最佳选择，它具有成本低廉、显示清晰易懂、配置简单、性能稳定和使用寿命长等特点，在生活和工业中得到了广泛的应用。

图 4-3　八段数码管

LED 数码管由多个发光二极管构成，按照包含发光二极管的个数分为七段数码管和八段数码管（八段数码管比七段数码管多一个发光二极管即小数点显示）。通过控制二极管的亮灭组合，可以显示各种数字和字符。八段 LED 数码管如图 4-3 所示。

1. LED 数码管显示原理

图 4-4 为八段数码管的引脚图和内部结构图。

LED 数码管共 10 个引脚 a、b、c、d、e、f、g、dp 和两个公共端 com，通过对引脚赋高低电平，控制点亮内部发光二极管，从而可以显示出 0～9、A～F、H、L、P、R、U、Y、-、.等各种字符。那么如何点亮内部发光二极管呢？下面我们来分析数码管的内部结构。

数码管按照内部连接方式不同可分为共阴极和共阳极两种结构。相应的特点如表 4-1 所示。

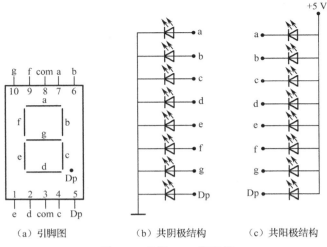

（a）引脚图 （b）共阴极结构 （c）共阳极结构

图 4-4 八段 LED 数码管

表 4-1 数码管共阴极和共阳极特点

	共阴极结构[见图 4-4（b）]	共阳极结构[见图 4-4（c）]
连接方法	8 个发光二极管阴极相连作为公共端，接低电平	8 个发光二极管阳极相连作为公共端，接高电平
点亮方法	阳极作为段控制端，赋高电平，相应发光二极管导通被点亮	阴极作为段控制端，赋低电平，相应发光二极管导通被点亮

使用数码管时仅能将其点亮是不够的，还要能控制其显示出相应的数字或字符，通过上面的分析可知需要对段控制端赋相应的段码（又称字型编码）。数码管结构不同，形成的字型编码也不同，这里以共阴极数码管为例进行分析，如表 4-2 所示。

表 4-2 数码管字型编码分析

	显示字符	共阴极数码管显示段								字型编码
		dp	g	f	e	d	c	b	a	
	0	0	0	1	1	1	1	1	1	3FH
	1	0	0	0	0	0	1	1	0	06H
	A	0	1	1	1	0	1	1	1	77H

注意：

（1）上表中定义 dp 为高位，a 为低位，与电路连接顺序有关，见任务 4-1 硬件电路（P0.0～P0.7 依次与数码管 a～dp 相连）。

（2）共阴极数码管段控制端赋高电平点亮，共阳极数码管正好相反，段控制端赋低电平点亮，所以共阳极字型编码与共阴极字型编码取反。

常用的字形编码如表 4-3 所示，当要显示某字符时，可根据需要进行查找。

表 4-3　数码管字型编码

显示字符	共阴极段码	共阳极段码	显示字符	共阴极段码	共阳极段码
0	3FH	C0H	c	39H	C6H
1	06H	F9H	d	5EH	A1H
2	5BH	A4H	E	79H	86H
3	4FH	B0H	F	71H	8EH
4	66H	99H	P	73H	8CH
5	6DH	92H	U	3EH	C1H
6	7DH	82H	T	31H	CEH
7	07H	F8H	y	6EH	91H
8	7FH	80H	H	76H	89H
9	6FH	90H	L	38H	C7H
A	77H	88H	"灭"	00H	FFH
b	7CH	83H	...	...	...

2. LED 数码管显示方法

LED 数码管有静态显示和动态显示两种方法。

1）静态显示方法及应用电路

数码管采用静态显示方式时，各位数码管的公共端连接在一起固定的接地或+5 V，每个数码管的段控制端（a～dp）分别连接到单片机的一个 8 位 I/O 端口上。确定显示字符后，由单片机 I/O 端口输出字型编码，控制数码管显示相应内容，此时各位数码管相互独立，稳定显示，直到接收到新的字型编码为止。

数码管静态显示应用举例。

例：单片机采用静态显示方式控制 1 位数码管循环显示 a、b、c、d。硬件电路设计，如图 4-5 所示。

程序设计如下：

```
//任务 4-1 程序：ex4-2.c
//功能：单片机采用静态显示方式控制1位数码管循环显示 a、b、c、d
#include <reg51.h>              //预处理命令，定义51单片机各寄存器的存储器映射
void delay(unsigned char i)     //延时函数
{
    unsigned char j,k;          //定义无符号字符型变量j和k
    for(k=0;k<i;k++)            //双重for循环语句实现软件延时
        for(j=0;j<255;j++);
}
unsigned char led[ ]={0x88,0x83,0xC6,0xA1};     //定义数组 led
void main()                     //主函数
```

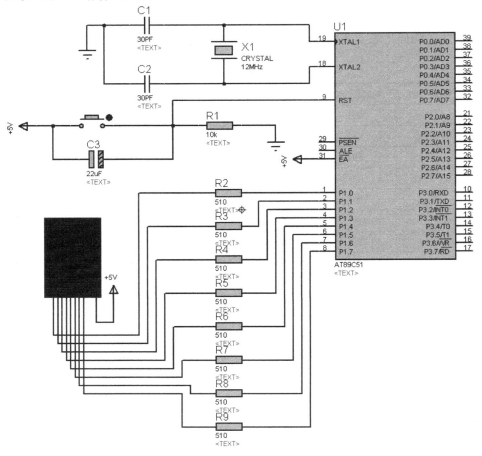

图 4-5　硬件电路

```
{
    unsigned char i;
    while(1) {
        for (i=0;i<4;i++)
        {
            P1=led [i];                    //字型显示码送段控制口 P1
            delay(200);
        }
    }
}
```

 小思考： 自行设计单片机控制两位数码管静态显示电路。

　　数码管采用静态显示方法，电路直观易懂，编程简单，显示清晰，但是每位数码管都需有 8 个 I/O 口控制，占用口线资源较多，对于使用多位数码管时，造成硬件电路复杂，成本较高。

小提示： 数码管静态显示方法适用于使用数码管个数较少的场合。

2）动态显示方法及应用电路

数码管动态显示方法又称动态扫描，连接时将多位数码管的段选端（a～dp）并联到一起由一个 8 位 I/O 端口控制，每个数码管的位选端（公共端 com）分别由一位 I/O 端口控制。通过位选端赋有效电平选择让哪一位数码管点亮，段选端赋字型编码确定被点亮数码管显示的字符。

动态显示方法就是控制各位数码管分时选通，实现依次轮流点亮，在某一时刻只有一位数码管显示，依次循环即可使各位数码管循环显示需要的内容。要想使多位数码管稳定显示，只需减小间隔时间（小于 10 ms），让循环显示的速度足够快，由于人眼存在视觉暂留效应，会认为所有数码管共同被点亮。

数码管动态显示应用举例。

例：单片机采用动态显示方式控制 4 位共阳极数码管动态显示 a、b、c、d。

硬件电路设计：

图 4-6 为 4 位数码管动态显示原理图。

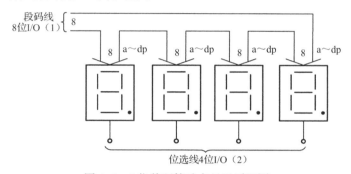

图 4-6 4 位数码管动态显示原理图

由于 4 位数码管的段选端（a～dp）要并联到一起，连线较多，电路复杂，所以电路设计时采用 4 位一体数码管，其实物图和引脚图如图 4-7 所示。

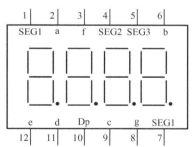

图 4-7 4 位一体数码管

4 位一体数码管内部段选端（a～dp）已经并联接好，外部共 12 个引脚分别为段选 8 个：a～dp；位选 4 个：1、2、3、4，相应与单片机相连即可。其硬件电路图如图 4-8 所示。

程序设计如下：

```
//任务 4-1 程序：ex4-3.c
//功能：单片机采用动态显示方式控制 4 位共阳极数码管动态显示 a、b、c、d
#include <reg51.h>              //预处理命令，定义 51 单片机各寄存器的存储器映射
```

```
void  delay(unsigned char i)        //延时函数
{
    unsigned char j,k;              //定义无符号字符型变量 j 和 k
    for(k=0;k<i;k++)                //双重 for 循环语句实现软件延时
        for(j=0;j<255;j++);
}
void main()                         //主函数
{
    unsigned char led[]={0x88,0x83,0xC6,0xA1};    //设置字符 ABCD 字型码
    unsigned char i,w;
    while(1) {
        w=0x01;                     //位选码初值为 01H
        for(i=0;i<4;i++)
        {
            P2=~w;                  //位选码取反后送位控制口 P2 口
            w<<=1;                  //位选码左移一位，选中下一位 LED 数码管
            P1=led[i];              //显示字型码送 P1 口
            delay(50);              //延时
        }
            }
}
```

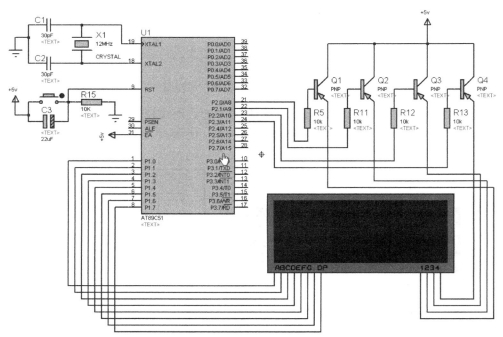

图 4-8　4 位数码管动态显示硬件电路图

　　数码管动态显示方法能够大大节省单片机 I/O 口的使用，简化了硬件电路，但由于轮流显示需要动态刷新，会占用较多的 CPU 时间。

🔔 **小提示**：数码管动态显示方法适用于使用数码管个数较多的场合。

任务 4-2　脉冲计数电路设计与仿真

1. 任务分析

任务要求采用单片机制作一个脉冲计数电路，利用定时器/计数器 T0 对外部输入脉冲进行计数，并将计数值显示在两位数码管上。

2. 电路设计

脉冲计数硬件电路如图 4-9 所示。电路由最小系统电路、脉冲输入电路和显示电路三部分组成。计数器外部输入端 T0（P3.4）连接一按键，按键另一端接地，通过按下按键模拟外部脉冲输入；显示电路采用两位共阳极数码管，P0 口连接数码管 a～dp，控制数码管段选，同时 P0 口外接 8 个上拉电阻接到+5V，P3 口的 P3.0、P3.1 通过两个驱动三极管连接到数码管的 1 和 2 引脚，控制数码管位选。通过按下按键，即可使数码管显示输入脉冲个数。

注意：在本电路的设计中，在 T1、T2 的集电极接了电阻，而在现实中是不接电阻的，原因是三极管的仿真模型是模拟电路模型，数码管的仿真模型是数字模型，由于两种模型在仿真时不能同时进行，所以在集电极接电阻是为了营造 0、1 开关信号。

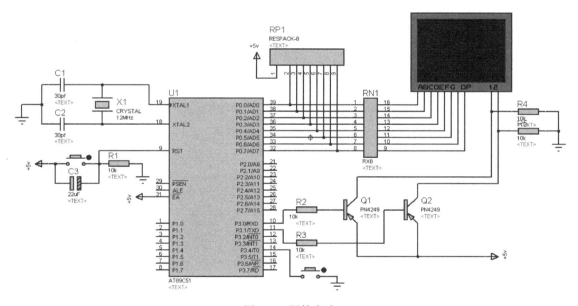

图 4-9　硬件电路

3. 软件程序设计

本任务控制两个数码管进行计数值显示，因此采用动态显示方式。通过单片机内部计数器对外部脉冲进行计数，然后需要将计数值拆分为个位数和十位数，分别显示在个位数码管和十位数码管上。

程序设计如下：

```
//任务 4-2 程序：ex4-4.c
//功能：脉冲计数电路设计
```

```c
#include<reg51.h>              //预处理命令，定义51单片机各寄存器的存储器映射
sbit P3_0=P3^0;               //位定义
sbit P3_1=P3^1;
unsigned char dat1,dat0;
unsigned char code Num[10]={0xC0,0xF9,0xA4,0xB0,0x99,0x92,0x82,0xF8,
                0x80,0x90,};  //定义数组存放0～9字形编码
void delay()                  //延时函数
{
    unsigned int i,j;
    for(i=20;i>0;i--)          //双重for循环语句实现软件延时
     for(j=100;j>0;j--);
}
void display()                //显示函数
{
    P3_1=0;                   //选中数码管1
    P0=Num[dat0];             //个位数显示
    delay();
    P3_1=1;
    P3_0=0;                   //选中数码管2
    P0=Num[dat1];             // 十位数显示
    delay();
    P3_0=1;
}
    void main(){
    TMOD=0x05;                //设置T0为计数器，工作方式1
    TH0=0x00;                 //设置计数初值
    TL0=0x00;
    TR0=1;                    //启动计数器T0
    P0=0xff;
    P3=0xff;
    while(1){
        int dat;              //定义整型变量dat
        dat=TL0;              //将计数值赋给dat
        dat1=dat/10;          //计数值的十位数
        dat0=dat%10;          //计数值的个位数
        display();            //调用显示函数
    }
}
```

4. 仿真结果

将 Keil 软件编译生成的十六进制文件加载到芯片中。单击"运行"按钮，启动系统仿真，仿真结果如图 4-10 所示。观察到每按一次按键，数码管显示数字加 1 进行计数。

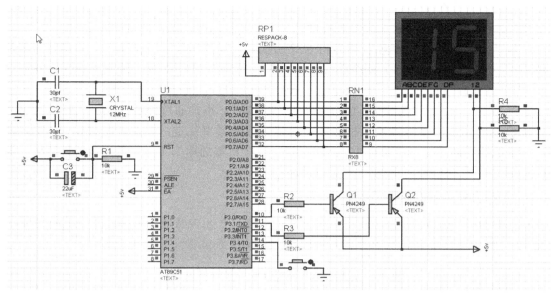

图 4-10　仿真图

5．任务小结

本任务采用单片机实现脉冲计数电路，用 P3.4 口接收外部模拟脉冲，控制两位共阳极数码管，使其做出相应显示内容。通过对任务硬件电路和软件程序的设计，让读者掌握单片机内部定时器/计数器的基本组成、原理和工作方式，掌握定时器/计数器的程序设计方法和应用。

相关知识

4.3　定时器/计数器

单片机应用系统中通常需要对发生事件进行定时控制、延迟和对外部事件计数等功能，实现这些功能可使用多种方法，在之前的学习中我们已经掌握了软件定时的使用，通过循环程序达到延时效果，但只能粗略地估算时间长短，不容易做到准确定时，在需要用到准确定时的场合（例如制作秒表、时钟等）并不适用，而且软件延时占用 CPU 时间，降低了 CPU 的利用率。这里我们学习一种利用单片机内部定时器/计数器资源实现精确定时、计数的方法，使用灵活方便，已广泛应用于生活、生产中。

1．定时器/计数器结构

51 单片机内部有两个 16 位可编程定时器/计数器 T0 和 T1，每个定时器/计数器又分别由两个 8 位特殊功能寄存器组成，T0 由高 8 位 TH0 和低 8 位 TL0 组成，T1 由高 8 位 TH1和低 8 位 TL1 组成。同时单片机内部还包含一个工作方式控制寄存器 TMOD 和一个控制寄存器 TCON。

2. 定时器/计数器功能

单片机内部定时器/计数器同时具有定时和计数两种功能，都可通过编程实现。

计数功能：单片机定时器/计数器可对外部脉冲（外部事件）进行计数。外部脉冲由单片机 T0（P3.4）、T1（P3.5）两个引脚输入，输入脉冲下降沿有效，触发加法计数器加 1（注：为了保证计数的正确性，要保证输入脉冲高低电平都在一个机器周期以上）。

定时功能：单片机定时器/计数器用做定时功能时，也是通过计数实现的，只是对单片机内部机器周期脉冲进行计数。机器周期由震荡脉冲频率决定，如单片机采用 6 MHz 晶振，一个机器周期为 2 μs；采用 12 MHz 晶振，一个机器周期为 1 μs，根据设置计数值，即可确定定时时间（定时时间=机器周期×计数值）。

3. 工作方式控制寄存器 TMOD

TMOD 用于设置定时器/计数器的工作方式，是一个 8 位特殊功能寄存器，其中高 4 位设置 T1，低 4 位设置 T0，设置方式完全相同。TMOD 各位含义如表 4-4 所示。

表 4-4 工作方式控制寄存器 TMOD 各位含义

		控 制 位		说 明
定时器/计数器 T1	D7	GATE	门控卫	GATE=0：软件启动，设置控制位 TR0 或 TR1 为 1 启动定时器； GATE=1：软硬件联合启动，在软件启动基础上，还需设置 INT0（P3.2）或 INT1（P3.3）为 1 时启动定时器
	D6	C/T	功能选择位	C/T=0：定时器工作方式； C/T=1：计数器工作方式
	D5	M1	工作方式选择位	M1M0=00，工作方式 0，13 位计数器； M1M0=01，工作方式 1，16 位计数器； M1M0=10，工作方式 2，初值自动重载 8 位计数器； M1M0=11，工作方式 3，T0 分成 2 个 8 位计数器，T1 停止计数
	D4	M0		
定时器/计数器 T0	D3	GATE	门控卫	同 T1 的 GATE 位
	D2	C/T	功能选择位	同 T1 的 C/T 位
	D1	M1	工作方式选择位	同 T1 的 M1、M0 位
	D0	M0		

应用举例：

（1）定时器/计数器 T0 为软启动，采用工作方式 2 实现定时功能，设置 TMOD。

根据上表可知 TMOD 的值为 00000010（T1 没用，高 4 位可随意设置，这里设为 0000）。赋值语句为：

```
TMOD=0X02;
```

（2）定时器/计数器 T1 为软启动，采用工作方式 1 实现计数功能，设置 TMOD。

根据上表可知 TMOD 的值为 01010000（T0 没用，低 4 位可随意设置，这里设为 0000）。赋值语句为：

```
TMOD=0X50;
```

注：TMOD 不能位寻址，只能用字节设置工作方式。

4. 控制寄存器 TCON

TCON 用于控制定时器/计数器启动、停止、溢出及中断。是一个 8 位特殊功能寄存器，其格式如下：

D7	D6	D5	D4	D3	D2	D1	D0
TF1	TR1	TF0	TR0	IE1	IT1	IE0	IT0
定时器/计数器				中断			

TCON 低 4 位用于控制单片机中断，这里不作介绍。

1）TF1 和 TF0：定时器/计数器 T1 和 T0 的溢出中断标志位。

T0 或 T1 计数计满时，由硬件自动将其置 1，并向 CPU 发出中断，中断响应后由硬件自动清零；该位也可作为查询测试标志，此时要及时以软件方式清 0。

2）TR1 和 TR0：定时器/计数器 T1 和 T0 的运行控制位。

TR1 或 TR0 位置 1 时，启动相应定时器/计数器；TR1 或 TR0 位置 0 时，关闭相应定时器/计数器。

应用举例：

```
TR0=1;              //启动定时器 T0
While(!TF0);        //查询溢出标志位，当计数计满时 TF0 由 0 变 1
TF0=0;              //T0 溢出标志位软件清 0
```

5. 定时器/计数器工作流程

定时器/计数器工作流程如图 4-11 所示。

定时器/计数器的核心是一个加法计数器，每输入一个脉冲，计数值加 1，当计数值达到定时器/计数器最大计数范围时，产生溢出。用户可编程设置计数初值，从而设置计数的个数，确定定时时间。定时器/计数器初值设置根据其工作方式而不同，下面进行详细介绍。

6. 定时器/计数器工作方式

1）工作方式 0

当 TMOD 中 M1M0=00 时，定时器/计数器被选为工作方式 0，13 位定时器/计数器，计数范围是 0～8191，其最大计数值为 8192（即 2^{13}）。

工作在方式 0，16 位寄存器只用了 13 位，其中 TL0 的高 3 位未用。下面以定时器/计数器 T0 为例介绍其内部结构。

定时器/计数器工作方式 0 内部结构如图 4-12 所示。

当 C/$\overline{\text{T}}$=0 时，T0 为定时功能，对内部机器周期进行计

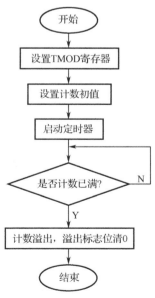

图 4-11　定时器/计数器工作流程

数，TL0 低 5 位满直接向 TH0 进位，而 TH0 溢出时向中断标志位 TF0 进位申请中断。

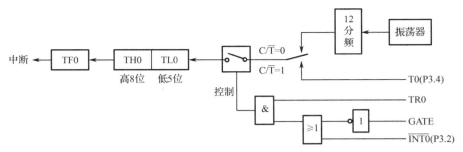

图 4-12　定时器/计数器工作方式 0 内部结构

$$定时时间=计数值×机器周期$$

即：$t=（8192-T0$ 初值）$×12/$时钟频率（机器周期$=1/$（时钟频率$×1/12$））

当 $C/\overline{T}=1$ 时，T0 为计数功能，对外部 T0（P3.4）输入脉冲进行计数。当外部信号发生"1"到"0"跳变时，计数器加 1。

当 GATE=0 时，软启动方式。此时或门输出恒为 1，TR0=1 时，定时器/计数器 T0 启动；TR0=0 时，定时器/计数器 T0 停止。

当 GATE=1 时，软硬件共同启动方式。TR0=1 同时还需 INT0（P3.2）为高电平才能启动定时器/计数器 T0。

设置计数初值是定时器/计数器应用的重点内容，下面介绍设置计数初值的方法：

$$计数值=定时时间/机器周期$$

$$计数初值=最大计数值-计数值$$

计算出来的结果转换为十六进制数后分别写入 TL0（TL1）、TH0（TH1）。

> 🔔 **小提示**：方式 0 初始值写入时，对于 TL 不用的高 3 位应填入 0。

应用举例：

（1）选用定时器/计数器 T0 工作方式 0 定时 7ms，晶振频率为 12MHz，计算初值。

$$计数值=7 \text{ ms}/1 \text{ μs}=7\ 000$$

$$计数初值=8192-7000=1192=00100101010\ 00B$$

把低 5 位送入 TL0，高 8 位送入 TH0，计数初值为：TH0=25H，TL0=08H。

（2）上例基础上，编程实现 70 ms 延时函数。

```c
void delay70ms()
{
    unsigned char i;
    TMOD=0X00;              //设置 T0 为定时器，工作方式 0
    for(i=0;i<10;i++)       //设置 10 次循环次数
    {
        TH0=0x25;          //设置定时器初值为 2508H
        TL0=0x08;
        TR0=1;             //启动 T1
        while(!TF0);        //查询计数是否溢出，即定时 7 ms 时间到，TF1=1
        TF0=0;             //7 ms 定时时间到，将 T1 溢出标志位 TF1 清零
    }
}
```

2）工作方式 1

当 TMOD 中 M1M0=01 时，定时器/计数器被选为工作方式 1，16 位定时器/计数器，计数范围是 0～65535，其最大计数值为 65536（即 2^{16}）。

工作方式 1 与工作方式 0 内部结构相同，只是计数位数为 16 位，TH0 占高 8 位，TL0 占低 8 位。

应用举例：

（1）选用定时器/计数器 T1，工作方式 1，定时 200 μs，晶振频率为 12 MHz，计算初值。

$$计数值=200 \text{ μs} /1 \text{ μs}=200$$
$$计数初值=65536-200=65336=1111111100111000B=FF38H$$

把低 8 位送入 TL1，高 8 位送入 TH1，计数初值为：TH1=FFH，TL1=38H。

（2）上例基础上，编程实现 200 μs 延时函数。

```
void delay200 μs()
{
        TMOD=0X10;                //设置 T1 为定时器，工作方式 1
        TH1=0xFF;                 //设置定时器初值为 FF38H
        TL1=0x38;
        TR1=1;                    //启动 T1
        while(!TF1);              //查询计数是否溢出，即定时 200 μs 时间到，TF1=1
        TF1=0;                    //200 μs 定时时间到，将 T1 溢出标志位 TF1 清零
    }
}
```

3）工作方式 2

当 TMOD 中 M1M0=10 时，定时器/计数器被选为工作方式 2，初值自动重载 8 位定时器/计数器，下面以定时器/计数器 T0 为例介绍其内部结构。

定时器/计数器工作方式 2 内部结构如图 4-13 所示。

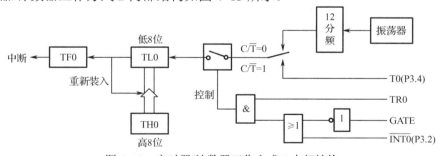

图 4-13 定时器/计数器工作方式 2 内部结构

工作方式 2 时，TL0 为 8 位计数器，TH0 为预置寄存器，用于保存计数初值，因此计数范围是 0～255，其最大计数值为 256（即 2^8）。

在方式 0 和方式 1 中，计数计满产生溢出后，计数器里面的值变为 0，要想再次计数，必须通过程序语句重新将计数初值送入计数器中，在循环定时和计数应用时，需要反复预置计数初值，影响定时精度。在需要精确定时的场合，可应用工作方式 2，编程时，将初值分别赋给 TL0 和 TH0，TL0 作为计数器开始计数，当计满溢出时，TH0 自动将保存的初值

装入 TL0，重新开始计数。此种方式省去了软件中重装初值的程序，可达到精确定时。

应用举例：

（1）选用定时器/计数器 T1，工作方式 2，晶振频率为 6 MHz，编程实现 1 ms 延时。

最大定时为 256×2 μs=512 μs，可选择定时 500 μs，再循环 2 次。计数值=500 μs/2 μs=250；计数初值=256-250=6=110B=6H。

```
void delay1ms ()
{
    unsigned char i;
    uTMOD=0X20;
    TH0=0x06;                    //设置定时器初值为 06H
    TL0=0x06;
    for(i=0;i<2;i++)             //设置 2 次循环次数
    {
        TR1=1;                  //启动 T1
        while(!TF1);            //查询计数是否溢出，即定时 7 ms 时间到，TF1=1
        TF1=0;                  //7 ms 定时时间到，将 T1 溢出标志位 TF1 清零
    }
}
```

4）工作方式 3

当 TMOD 中 M1M0=11 时，定时器/计数器被选为工作方式 3，T0 分成两个 8 位计数器，T1 停止计数（只有 T0 可以设置为工作方式 3）。其 T0 的内部结构如图 4-14 所示。

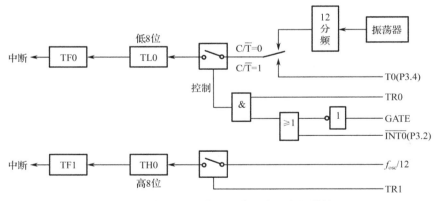

图 4-14 定时器/计数器工作方式 3 内部结构

TL0：即可定时也可计数。占用了原定时器 T0 的控制位、引脚和中断源。

TH0：简单的内部定时功能。占用了定时器 T1 的控制位 TR1 和中断标志位 TF1。

定时器/计数器 T0 定义为工作方式 3 时，T1 可定义为方式 0、方式 1 和方式 2。

例：采用单片机内部定时器制作一个 5 s 定时器，每计时 5 s 蜂鸣器报警提示，然后重新开始计时。

硬件电路设计如图 4-15 所示。

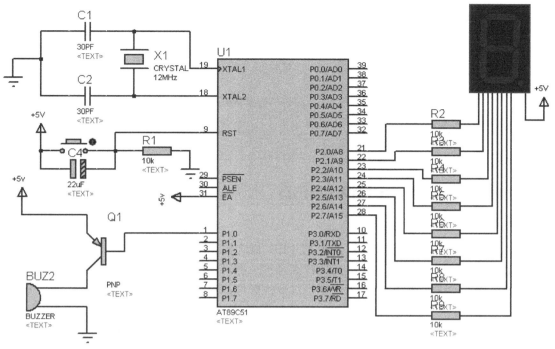

图 4-15　硬件电路

程序设计如下：

```c
//任务 4-2 程序：ex4-5.c
//功能：采用单片机内部定时器制作的 5 秒定时报警器
#include <reg51.h>
sbit P1_0=P1^0;                    //位定义
unsigned char led[]={0xf9,0xa4,0xb0,0x99,0x92};
                                   //定义数组 led 存放数字 1~5 的字型码
void delay1s()                     //采用 T1 实现 1 s 延时
{
  unsigned char i;
  for(i=0;i<20;i++)                //设置 20 次循环次数
  {
    TH1=0x3c;                      //设置定时器初值为 3CB0H
    TL1=0xb0;
    TR1=1;                         //启动 T1
    while(!TF1);                   //查询计数是否溢出，即定时 50 ms 时间到，TF1=1
    TF1=0;                         //50 ms 定时时间到，将 T1 溢出标志位 TF1 清零
  }
}
void  main()                       //主函数
{
  unsigned char i;
  TMOD=0x10;                       //设置定时器 1 工作于方式 1
  while(1) {
```

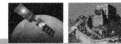

```
    P1_0=1;
    for(i=0;i<5;i++)
    {
  P2=led[i];                      //字型显示码送段控制口 P2
    delay1s();                    //延时 1 S
}
    P1_0=0;                       //蜂鸣器报警提示
    delay1s();
        }
}
```

任务4-3 点阵显示电路设计与仿真

1. 任务分析

任务要求采用单片机制作一个 8×8 的 LED 点阵显示电路，该任务通过单片机的 P0 口和 P3 口连接一个 8×8 LED 点阵，实现在点阵屏上循环显示 A、1、B、2。当单片机上电开始运行时，LED 点阵屏显示字母 A，在经过一点时间后，依次轮流显示 1、B、2、A……一直循环显示运行。

2. 电路设计

LED 点阵显示硬件电路如图 4-16 所示。电路由最小系统电路、显示电路和驱动电路三部分组成。显示电路采用一片 8×8 LED 点阵，P0 口连接点阵的 8 个行引脚，输出高电平有效，进行行控制，同时 P0 口外接 8 个上拉电阻接到+5 V。P3 口连接点阵的 8 个列引脚，输出低电平有效，进行列控制。由于单片机高电平电流输出能力有限，所以 P0 口进行行控制时需要加驱动电路，这里采用 74LS245 集成芯片，该芯片 A 口为输入，B 口为输出，连接在 P0 口与点阵行引脚之间。该电路上电后，自动显示相应内容。

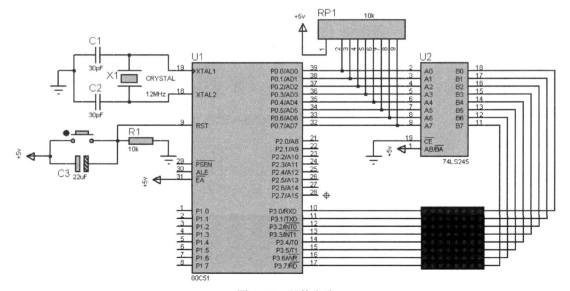

图 4-16 硬件电路

3. 软件程序设计

程序设计中采用定义二维数组用于存放点阵显示字符 A、1、B、2 的字形编码。当点阵稳定显示 A 时，采用行扫描方式，单片机 P0 口依次选中点阵的各行，同时将数组元素给 P3 口的 8 位赋值，利用定时器保证每行点亮时间为 1 ms，从而看到稳定显示。在此基础上外加 for 循环即可循环显示 A、1、B、2。

程序设计如下：

```c
//任务 4-3 程序：ex4-6.c
//功能：LED 点阵循环显示 A、1、B、2
#include <reg51.h>
void delay1ms()                          //1 ms 延时子函数
{
    TH1=(65536-1000)/256;                //设置定时器初值
    TL1=(65536-1000)%256;
    TR1=1;                               //启动 T1
    while(!TF1);                         //查询计数是否溢出，即定时 50 ms 时间到，TF1=1
    TF1=0;                               //1 ms 定时时间到，将 T1 溢出标志位 TF1 清零
}
void main()                              //主函数
{
    unsigned char code
        led[4][8]={{0xff,0xe7,0xdb,0xbd,0xbd,0x81,0xbd,0xbd}, //A
                   {0xff,0xe7,0xe3,0xe7,0xe7,0xe7,0xe7,0xe7}, //1
                   {0xff,0xc1,0xbd,0xbd,0xc1,0xbd,0xbd,0xc1}, //B
                   {0xff,0xe1,0xcf,0xcf,0xe3,0xf9,0xf9,0xc1}};//2
                                         //定义 4×8 二维数组存放 A、1、B、2 字型码
    unsigned char i;
    unsigned int lie,hang,count;
    TMOD=0x10;                           //设置定时器 1 工作于方式 1
    while(1) {
      for(hang=0;hang<4;hang++)          //第一维下标取值范围 0～3
      {
        count=100;
        while(count>0)                   //控制每个字符显示时间
        {
            i=0x01;
            for(lie=0;lie<8;lie++)       //第二维下标取值范围 0～7
            {
                P0=i;
                P3=led[hang][lie];       //将指定数组元素赋值给 P3 口
                delay1ms();
                i<<=1;
            }
            count--;
        }
      }
    }
```

```
        }
    }
```

4. 仿真结果

将 Keil 软件编译生成的十六进制文件加载到芯片中。单击"运行"按钮，启动系统仿真，仿真结果如图 4-17 所示。观察到 8×8 LED 点阵屏循环显示 A、1、B、2。

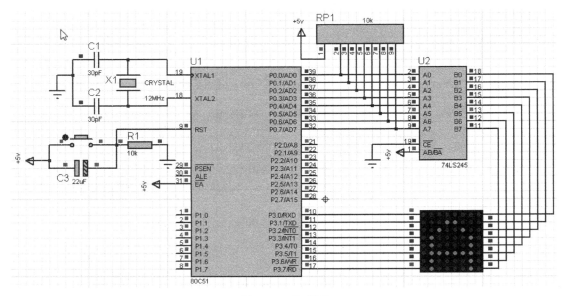

图 4-17 仿真图

5. 任务小结

本任务采用单片机实现 8×8 LED 点阵显示电路，用 P0 口和 P3 口分别控制 LED 点阵的行和列，使其做出相应显示内容。通过对任务硬件电路和软件程序的设计，让读者掌握 LED 点阵的结构、动态显示原理和与单片机的接口技术，熟悉点阵的程序设计方法和应用。

相关知识

4.4 单片机与点阵接口电路

LED 点阵是单片机应用系统中显示器件的一种，相比之前学习的 LED 发光二极管和数码管，它在生活中的应用更加广泛。LED 点阵可以显示文字、图像、动画、视频等信息，显示色彩鲜艳、动感、立体，并且具有亮度高、功耗小、微型化、易与集成电路匹配、驱动简单、寿命长、耐冲击、性能稳定、易维护等优点，可广泛应用于商场、医院、宾馆、银行、车站、机场、工业企业管理和其他公共场所。

LED 点阵屏按发光原理可分为单色、双色和全彩三类，可显示红、橙、黄、绿、蓝等多种颜色。常用的 LED 点阵显示模块有 4×4、4×8、5×7、5×8、 8×8、16×16 等多种结构，每种结构都是由多个LED发光二极管组成，下面以8×8点阵为例进行详细介绍。

1. LED 点阵结构

前面我们学习了 LED 发光二极管和 LED 数码管，在此基础上学习 LED 点阵就要轻松得多了。一个数码管是由 8 个 LED 发光二极管组成的，同理，一个 8×8 的点阵是由 64 个 LED 发光二极管组成。图 4-18 是 8×8 点阵的外形图和引脚图。

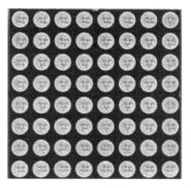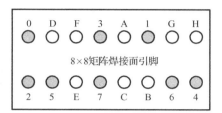

图 4-18　8×8 点阵的外形图和引脚图

8×8 LED 点阵内部的 64 个发光二极管按矩阵形式排列，构成 8 行 8 列，共 16 个引脚，行引脚为 0～7，列引脚为 A～H。其内部结构图如图 4-19 所示。

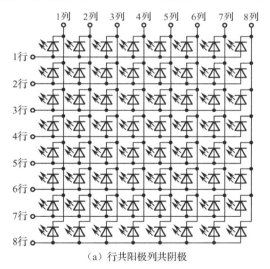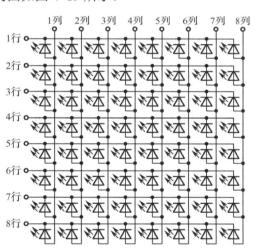

（a）行共阳极列共阴极　　　　　　　　　　（b）行共阴极列共阳极

图 4-19　8×8 点阵内部结构图

8×8 LED 点阵内部结构有两种，在驱动 LED 点阵显示时，需要判断行列所对应的驱动信号，任务中采用的是行共阳极列共阴极点阵，下面以该类型点阵为例进行介绍。

2. LED 点阵显示原理

由内部结构图可知 8×8 点阵内部的 64 个发光二极管全部跨接在行线和列线的交叉点上，根据发光二极管的单向导通性，当某个发光二极管连接的行置高电平（1），列置低电平（0）时，该二极管被点亮。通过控制每个二极管发光，完成各种显示内容。

单片机技术应用（C语言+仿真版）

LED 点阵显示类似于数码管，也采用动态扫描的显示方式，即依次点亮各行，进行行扫描（或依次点亮各列，进行列扫描）。下面以显示心形图形为例，进行过程讲解。

无论显示字符、图形还是文字，都是通过控制组成这些字符、图形或文字的各个点所在位置相对应的二极管发光实现的。通常事先要把需要显示的图形文字转换成点阵图形，再按照显示控制的要求以一定格式形成显示数据。当 8×8 LED 点阵需要显示♥时，先要建立一个 8×8 的方格表，在方格表中按照显示要求填好要显示的内容，见图 4-20，黑色的格子表示被点亮，当选中第 1 行（赋高电平）时，给各列赋值 11111111B（FFH）；当选中第 2 行（赋高电平）时，给各列赋值 10011001B（99H），依此类推，到选中第 8 行（赋高电平）时，给各列赋值 11100111B(E7H)，8 行全扫描显示 1 次，再重新扫描显示第 1 行，如此不断循环，并使循环显示速度足够快时（应保证扫描 8 行所用时间之和在 20 ms 以内），既能看到稳定显示整个图形。

图 4-20　心形图形

注：各列赋值数据可通过取模软件获得，原理同上。

应用举例：使用单片机控制一块 8×8 矩阵稳定显示心形。

硬件电路设计见图 4-16。

软件程序设计：

```c
//任务 4-3 程序：ex4-7.c
//功能：LED 点阵稳定显示心形
#include <reg51.h>                    //预处理命令，定义 51 单片机各寄存器的存储器映射
void delay1ms()
{
    TH1=(65536-1000)/256;            //设置定时器初值
    TL1=(65536-1000)%256;
    TR1=1;                           //启动 T1
    while(!TF1);                     //查询计数是否溢出，即定时 50 ms 时间到，TF1=1
    TF1=0;                           //1 ms 定时时间到，将 T1 溢出标志位 TF1 清零
}
void main()
{
    unsigned char code led[]={0xff,0x99,0x00,0x00,0x00,0x81,0xc3,0xe7};
                                     //定义数组放置心形字形码
    unsigned char i;
    unsigned int lie;
    TMOD=0x10;
    while(1)
    {
        i=0x01;                      //行变量 i 指向第一行
        for(lie=0;lie<8;lie++)
        {
```

```
            P0=i;                   //行数据送 P0 口
            P3=led[lie];            //列数据送 P3 口
            delay1ms();
            i<<=1;                  //行变量左移指向下一行
        }
    }
}
```

字符、文字或图形的点阵格式比较规范，可采用通用的取模软件获得数据文件。只要设计好适合的数据文件，就可以利用点阵方式显示多种内容，而且可根据需要任意组合和变化，使用非常灵活、方便。

3. LED 点阵接口技术

使用 LED 点阵作为显示设备时，可单独使用一片进行简单显示（见上面实例），也可同时使用多片相组合进行较大图片或文字显示，例如商场、酒店门前的 LED 大屏幕。

单片机与一片 8×8 LED 点阵的接口电路比较简单，其框图如图 4-21 所示。

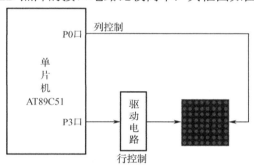

图 4-21　接口电路框图

8×8 LED 点阵共 16 个引脚，8 个行引脚和 8 个列引脚，需要占用单片机 2 个 P 口进行控制，这里以 P3 口控制行引脚，P0 口控制列引脚为例进行说明。当单片机运行时，P3 口提供高电平有效的行选通信号，P0 口提供低电平有效的列选通信号，P3 和 P0 两个端口同步动态扫描，即可做出相应显示。需要注意的是，当单片机控制点阵时，可能有时需要同时驱动 8 个 LED 发光二极管，51 单片机的 I/O 口驱动能力有限，特别是高电平电流输出能力有限，而为了提高单片机的带负载能力和保证 LED 的亮度，所以驱动能力不够时，应加上驱动芯片，增强 I/O 口驱动能力和保护单片机端口引脚。因此，框图中由于 P0 口低电平输出能力满足要求，而 P3 口的高电平输出电流不够，所以 P3 口需要通过驱动电路（通常使用驱动芯片 74LS245）驱动点阵的行端。

实际应用中，往往需要进行复杂文字或图像的显示，单独使用一片 LED 不能满足要求，可以多片结合共同使用。多片 8×8 LED 点阵可构成 8×16（2 片）、16×16（4 片）、16×32（8 片）和 32×32（16 片）等多种规格的 LED 大屏，其显示电路相对复杂，现以 8×16 LED 点阵为例进行电路分析。接口电路框图如图 4-22 所示。

2 片 8×8 LED 点阵相连，点阵 1 和点阵 2 的行引脚并联到一起构成 8 个行引脚由单片机 P3 控制，高电平为有效信号；点阵 1 和点阵 2 的列引脚共同组成 16 个列引脚，由单片机 P0 口和 P1 口共同控制，低电平为有效信号。其显示依然采用动态扫描方式，通过 P3 口赋有效电平依次选通各行，同时给 P0 口和 P1 口赋 16 位的列数据。

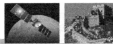

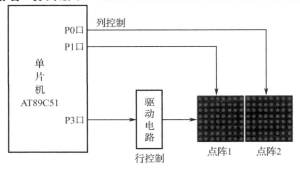

图 4-22　接口电路框图

当采用多片 8×8 LED 点阵组合使用时，由于单片机 I/O 口有限，通常需要进行 I/O 口的扩展。

任务 4-4　单独键盘电路设计与仿真

1. 任务分析

单片机采集外界状态的常见元器件为按键、传感器和电信号，本任务通过对按键和发光二极管的控制，实现发光二极管显示按键状态的仿真电路设计及控制程序设计。任务要求按键为 4 个按键，发光二极管也为 4 个。

2. 电路设计

根据任务要求，设计 AT89C51 单片机的 P2.4、P2.5、P2.6、P2.7 分别接独立式键盘，P2.0、P2.1、P2.2、P2.3 通过电阻接发光二极管，编程实现键状态显示，要求采用去抖动措施，单片机控制单独键盘的硬件电路如图 4-23 所示。

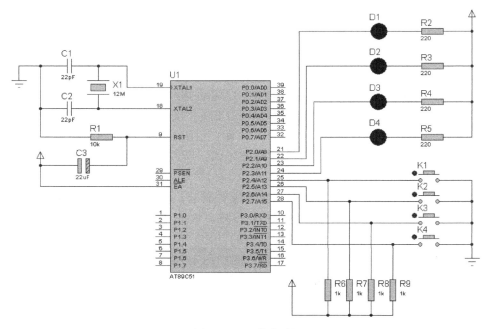

图 4-23　硬件电路图

3. 软件程序设计

分析硬件电路图可知，按键接 P2 口低 4 位，彩灯接 P2 口高 4 位，编程时在判断按键去抖后，可以将 P2 口低 4 位状态赋值给 P2 口高 4 位，程序简单明了。

```c
#include<reg51.h>
#include<intrins.h>
#define uint  unsigned int
#define uchar unsigned char
#define PORT P2
void delay10ms(void){               //延时函数，延时10ms
 uchar i,j,k;
 for(i=5;i>0;i--)
   for(j=4;j>0;j--)
    for(k=248;k>0;k--);
}
main(){
    uchar dat,com,i=10;
    PORT=0xff;
    _nop_();
    dat=PORT;                       //读取 P2 口的数据
    if(dat!=0xff){
        delay10ms();                //消除抖动
        PORT=0xff;
        _nop_();
        dat=PORT;
        if(dat!=0xff){
            do{
                PORT=0xff;
                _nop_();
                com=PORT;
            }while(com!=0xff);       //等待按键松开
            dat>>=4;
            dat|=0xf0;
            PORT=dat;
            while(i--){
                delay10ms();
                delay10ms();
                delay10ms();
            }
        }
    }
}
```

4. 仿真结果

将 Keil 软件编译生成的十六进制文件加载到芯片中。单击"运行"按钮，启动系统仿真，仿真结果如图 4-24 所示。观察 LED 发光二极管从 D1~D4 循环点亮。

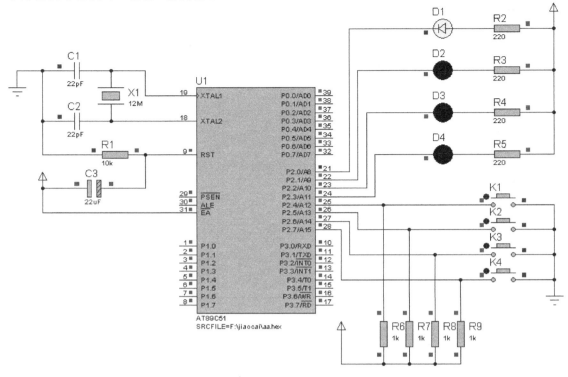

图 4-24   仿真图

5. 任务小结

本任务通过用 51 单片机控制连接到 P2 口的 4 个发光二极管显示按键状态，实现显示按键状态的软、硬件设计，让读者了解按键的工作原理、去抖及按键状态采集，学习如何用 C 语言编程来判断单片机的外接按键状态。

相关知识

单片机应用系统应具有人机对话功能，除了通过 LED 数码管等设备报告系统运行状态与运行结果外，控制人员还应该能随时向应用系统发出控制命令，以及向系统输入数据。因此，应用系统的硬件电路板上应设有按键或键盘，如按键复位电路中的按键、功能转换的功能键以及输入数据的数字键等。

4.5 键盘接口的类别与控制

1. 常见开关种类

按键按照结构原理可分为两类，一类是触点式开关按键，如机械式开关、导电橡胶式开关等；另一类是无触点开关按键，如电气式按键、磁感应按键等。前者造价低，后者寿命长。按键按照接口原理可分为编码键盘与非编码键盘两类，这两类键盘的主要区别是识别键符及给出相应键码的方法。编码键盘主要是用硬件来实现对按键的识别，硬件结构复杂；非编码键盘主要是由软件来实现按键的定义与识别，硬件结构简单，软件编程量大。编码键盘内部带有硬件编码器，它是通过硬件来识别键盘上的闭合键，优点是工作可靠、按键编码速度快且基本不占 CPU 的时间，但电路复杂，成本较高；非编码键盘是通过软件来识别键盘上的闭合键，优点是硬件电路简单，成本较低，但占用 CPU 的时间长。在实际的单片机应用系统设计中，往往为了降低成本，大多采用非编码键盘，这里主要介绍非编码键盘，常用按键开关如图 4-25 所示。

| （a） | （b） | （c） | （d） | （e） |

图 4-25　单片机应用系统中经常使用的按键开关

2. 按键去抖

键盘是按照一定规则排列起来的一组按键的集合，而每一个按键实质上就是一个开关。目前，无论是按键还是键盘，大多数都是利用机械触点闭合、断开作用，机械触点由于弹性作用的影响，在按键闭合及断开的瞬间都有抖动现象，如图 4-26 所示。抖动时间的长短与开关的机械特性有关，一般为 5～10 ms，为了保证 CPU 对按键的闭合仅作一次键输入处理，就必须去除抖动的影响，也就是去抖问题。通常去抖的方法有硬件和软件两种。所谓硬件去抖就是在按键输出端加 RS 触发器，而软件去抖就是在检测到有键按下时，执行一个 10 ms 左右的延时程序后，再判断该键电平是否保持闭合状态，若仍保持闭合状态，则确认该键处于闭合状态。同样，对于该键释放后的处理，也应采用相同的方法进行，从而达到去抖的效果。在单片机中，为了简化电路，常常采用软件去抖的方法。

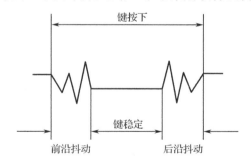

图 4-26　按键抖动原理图

3. 单独键盘及其接口电路

非编码键盘按连接方式的不同主要分为两大类：一类是独立式按键，另一类为矩阵式键盘。

独立式按键的每个按键都单独占有一根 I/O 口线，每根 I/O 口线不影响其他 I/O 口线的工作状态，它们都是独立的。独立式按键电路如图 4-27 所示，当按下键 1 时，键 1 输入为低电平，当松开键 1 时，键 1 输入为高电平。也就是说无键按下时，各输入线为高电平，有键按下时，相应的输入线为低电平。独立式按键硬件电路简单，但每个按键都要单独占有一根 I/O 口线，如果按键数目较多时，I/O 口线浪费大，故只在按键数量不多时，采用这种电路。在此电路中，按键输入都设置为低电平有效，上拉电阻保证了按键断开时，I/O 口线有确定的高电平。

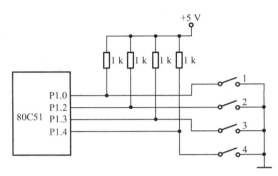

图 4-27　独立式按键电路

在图 4-27 所示的独立式按键电路中，实际应用时仅使用了 P1 口的低 4 位接按键，设 P1.0～P1.3 对应按键分别为按键 1～按键 4。

4. 行列式键盘及其接口电路

行列式键盘接口电路如图 4-28 所示，其为 4×4 的键盘结构。此键盘结构如果要采用独立式按键结构，就需要 16 根 I/O 口线，而采用 4×4 的键盘结构，仅需要 8 根口线。图中键盘的行线 X_0～X_3 通过电阻接＋5V。当键盘上没有键闭合时，所有的行线和列线都断开，行线都呈高电平。当键盘上某一个键闭合时，该键所对应的行线和列线被短路。例如 10 号键被按下闭合时，行线 X_2 和列线 Y_2 被短路，此时 X_2 的电平由 Y_2 的电位决定。如果把行线接到单片机的输入口，列线接到单片机的输出口，则在单片机的控制下，先使列线 Y_0 为低电平 "0"，其余 3 根列线 Y_1、Y_2、Y_3 都为高电平 "1"，读行线状态。如果 X_0、X_1、X_2、X_3 都为高电平，则 Y_0 这一列上没有键闭合。如果读出的行线不全为高电平，则为低电平的行线和 Y_0 相交的键处于闭合状态。如果 Y_0 这一列上没有键闭合，接着使列线 Y_1 为低电平，其余列线为高电平，用同样方法检查 Y_1 这一列上是否有键闭合。这种逐行逐列地检查键盘状态的过程称为对键盘的一次扫描。

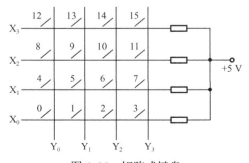

图 4-28　矩阵式键盘

5. 单片机对非编码键盘的控制方式

在单片机应用系统中，对非编码键盘的控制方式一般有程序扫描方式（查询方式）、定时控制扫描方式和中断控制扫描方式三种。

1）程序控制扫描方式

程序扫描方式是在 CPU 不执行别的程序时，对键盘进行扫描。这种扫描占用 CPU 的时间较多，当 CPU 执行其他功能程序时，就不再响应键盘的要求，直到 CPU 重新扫描键盘为止。

在程序扫描方式下，以矩阵式键盘为例，键盘扫描子程序主要包括粗扫描、逐列扫描、求键值、等待键释放四个步骤。

（1）粗扫描。所谓粗扫描就是粗略判断整个键盘上有无键按下。开始时设置所有的列线 $Y_3 \sim Y_0$ 为低电平，当无键按下时，因各行线与各列线相互断开，各行线均保持高电平；当有键按下时（如 1#键按下），则相应的行线（X_0）与列线（Y_1）相连，该行线（X_0）变为低电平。由此可见粗扫描步骤如下：使列线 $Y_0Y_1Y_2Y_3=0000$。扫描行线 $X_0X_1X_2X_3$：若 $X_0X_1X_2X_3=1111$，则无键按下；若非全 1，则有键按下。

（2）逐列扫描。通过粗扫描能初步判断是否有键按下，但按下的键在哪一行哪一列还不明确，必须通过逐列扫描加以确定。逐列扫描步骤如下：

设置第 0 列扫描码 $Y_3Y_2Y_1Y_0=1110$；输出列扫描码 $Y_3Y_2Y_1Y_0$，扫描该列；输入 $X_3X_2X_1X_0$，若 $X_3X_2X_1X_0$ 为全 1，则该列无键按下；修改设置第 1 列扫描码 $Y_3Y_2Y_1Y_0=1101$，输出列扫描码 $Y_3Y_2Y_1Y_0$，扫描该列，输入 $X_3X_2X_1X_0$，若 $X_3X_2X_1X_0$ 为全 1，则该列无键按下；依此类推，设置第 2 列、第 3 列扫描码，若扫描某列时，输入 $X_3X_2X_1X_0$ 非全 1，则该列有键按下。

（3）求键值。按键位置确定后，即可确定按键键值。根据按键位置求键值的方法有很多，图 4-28 中 4×4 键盘可采用查表的方法求键值。先将键盘上各键对应的行码和列码组成键识别码。键盘上的每个键对应唯一的识别码。其中 $X_3X_2X_1X_0$ 的值为行码，$Y_0Y_1Y_2Y_3$ 的值为列码，行码值取反，列码值不变后组成键识别码，如下：

键值	行码	列码	键识别码	
0	1110	0111	00010111	17H
1	1110	1011	00011011	1BH
2	1110	1101	00011101	1DH
3	1110	1110	00011110	1EH
4	1101	0111	00100111	27H
5	1101	1011	00101011	2BH
6	1101	1101	00101101	2DH
7	1101	1110	00101110	2EH
……				
F	0111	1110	10001110	8EH

（4）求得键值后，再读取行码 $X_3X_2X_1X_0$，若行码为非全 1，键未释放，则等待。等键释放以后，根据求得的键值转向相应的键处理子程序。

2）定时控制扫描方式

定时控制扫描方式是利用定时器/计数器每隔一段时间产生定时中断，CPU 响应中断后对键盘进行扫描，并在有键闭合时转入该键的功能子程序，定时控制扫描方式与程序控制扫描方式的区别是，在扫描间隔时间内，前者用 CPU 工作程序填充，后者用定时器/计数器定时控制。定时控制扫描方式也应考虑定时时间不能太长，否则会影响对键输入响应的及时性。

3）中断控制方式

中断控制方式是利用外部中断源，响应键输入信号。当无按键按下时，CPU 执行正常工作程序。当有按键按下时，CPU 立即产生中断。在中断服务子程序中扫描键盘，判断是哪一个键被按下，然后执行该键的功能子程序。这种控制方式克服了前两种控制方式可能产生的空扫描和不能及时响应键输入的缺点，既能及时处理键输入，又能提高 CPU 运行效率，缺点是占用一个中断源。

任务 4-5　简单计数器电路设计与仿真

1. 任务分析

生活中常常需要计数，如何能用单片机中断系统进行简单计数和清零呢，本任务是设计一个简单计数器，要求能计数位数为 3 位，同时具有清零功能。

2. 电路设计

根据任务分析设计基于单片机的简单计数器。数码管连接在 P0、P1、P2 三个端口上，计数输入由外部中断 0 输入，清零键设计在 P3 口一个引脚，具体电路图如图 4-29 所示。

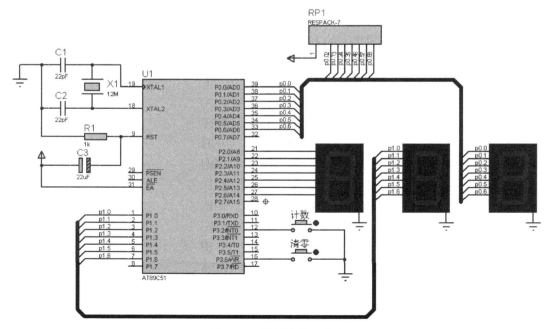

图 4-29　简单计数器电路

3. 软件程序设计

本任务要求使用外部中断，程序中采用外部中断 0，数码管采用单个数码管连接方式，在主程序中，先对数码管全亮一下，然后允许中断运行，同时设定外部中断 0 的触发方式，当外部中断 0 有下降沿触发脉冲时，程序自动跳转到中断子程序执行中断子程序，执行完毕后返回主程序继续执行主程序。

```c
//中断 0 计数程序
#include<reg51.h>
#define uchar unsigned char
#define uint unsigned int
//0～9 数字编码,最后为全灭编码
uchar  code  DSY_CODE[]  ={0x3f,0x06,0x5b,0x4f,0x66,0x6d,0x7d,0x07,0x7f,
0x6f,0x00};
uchar Display_Buffer[3] = {0,0,0};
uint Count = 0;
sbit Clear_Key = P3^6;
//数码管分位显示计数数值
void Show_Count_ON_DSY()
{
  Display_Buffer[2] = Count/100;        //提取百位计数值
  Display_Buffer[1] = Count%100/10;     //提取十位计数值
  Display_Buffer[0] = Count%10;         //提取个位计数值
  if(Display_Buffer[2] == 0)            //不需要的计数显示数码管编程设计为灭
  {
    Display_Buffer[2] = 0x0a;
  if(Display_Buffer[1] == 0 ) Display_Buffer[1] = 0x0a;
}
P0 = DSY_CODE[Display_Buffer[0]];       //显示个位计数值
P1 = DSY_CODE[Display_Buffer[1]];       //显示十位计数值
P2 = DSY_CODE[Display_Buffer[2]];       //显示百位计数值
}
//主程序
void main()
{
P0 = 0xFF;
P1 = 0xFF;
P2 = 0xFF;
IT0 = 1;
IE = 0xFF;
while(1)
{
  if(Clear_Key == 0)
  {
  Count = 0;
  }
  Show_Count_ON_DSY();
  }
```

```
    }
//中断0程序
void EX_INT0() interrupt 0
{
Count++;
}
```

4. 仿真结果

将 Keil 软件编译生成的十六进制文件加载到芯片中。单击"运行"按钮，启动系统仿真，仿真结果如图 4-30 所示。观察计数器的数码管数值逐渐增加，当按下清零时，数码管显示为 0。

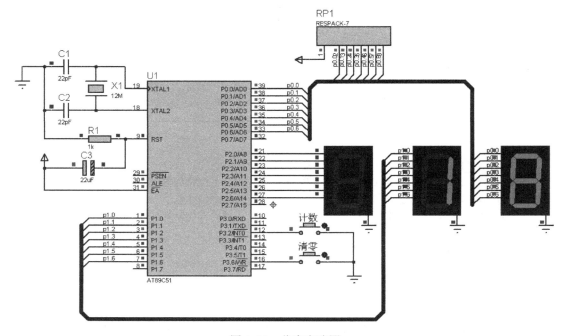

图 4-30　仿真电路图

5. 任务小结

本任务使用 51 单片机通过外部中断 0 触发控制 3 个数码管显示计数值，实现基于中断方式的简单计数器系统的软、硬件设计，让读者初步了解中断概念及中断过程，学习如何用 C 语言编程来设计有关中断方面的程序。

相关知识

4.6　中断系统

1. 中断及相关概念

（1）中断。中断是指 CPU 正在处理某件事情的时候，外部发生了某一事件，请求 CPU

迅速处理。或者 CPU 的快速与外设的慢速发生了矛盾时，CPU 暂时中断当前的工作，转而处理所发生的其他事件，处理完以后，再回来继续执行被中止的工作，这个过程称为中断。

（2）中断系统。实现中断功能的部件称为中断系统。

（3）中断源。引起中断的原因，或能发出中断申请的来源，统称为中断源。

（4）主程序。原来正在运行的程序称为主程序，它可以调用其他子程序。

（5）断点。主程序被断开的位置称为断点。计算机采用中断技术，能够大大提高它的效率和处理问题的灵活性。

调用中断服务程序类似于程序设计中的调用子程序，但二者又有区别，主要区别如表 4-5 所示。

表 4-5　中断服务程序与调用子程序的区别

中断服务程序	调用子程序
随机产生的	程序中事先安排好的
保护断点、保护现场	只保护断点
为外设服务和处理各种事件	为主程序服务

2. 中断的优点

中断具有一定的优点，如同步工作、实时处理和故障处理等。

同步工作：计算机有了中断功能后，就能解决快速 CPU 和慢速外设之间的矛盾，从而可使 CPU 和外设同步工作。计算机在启动外设后，仍继续执行主程序，同时外设也在工作，每当外设完成一任务，就发出中断请求，请求 CPU 中断它正在执行的程序，转而去执行中断服务程序，中断处理完之后，CPU 恢复执行主程序，外设也继续工作。这样 CPU 可以命令多个外设同时工作，从而大大提高了 CPU 的利用率。

实时处理：在实时控制中，现场采集的各种数据总是不断变化的。有了中断功能，外界的这些变化的数据就可根据要求，随时向 CPU 发出中断请求，要求 CPU 及时响应，加以处理，这样的处理在查询方式下是很难做到的。

故障处理：当计算机在运行过程中，出现一些事先无法预料的故障是难免的，如电源消失、存储数据出错、运算溢出等。当我们有了中断功能，计算机就能自行进行处理，而不必停机。

3. 中断的功能

中断系统一般具有如下功能：

（1）实现中断并返回。当某一个中断源发出中断申请时，CPU 能决定是否响应这个中断请求（当 CPU 正在执行更急、更重要的工作时，可以暂时不响应中断），若允许响应这个中断请求，CPU 必须将正在执行的指令执行完毕后，再把断点处的 PC 值（即下一条将要执行的指令地址）保存下来，这称为保护断点，也要把有关的寄存器内容和标志位的状态推入堆栈，这称为保护现场，这是计算机自动执行的。完成保护断点和保护现场的工作后可执行中断服务程序，执行完毕，恢复现场，CPU 返回断点，继续执行主程序，这个过程如图 4-31 所示。

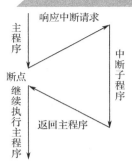

图 4-31　中断流程

（2）能实现优先权排队。通常系统中有多个中断源，有时会出现两个或多个中断源同时提出中断请求，这就要求计算机既能区分各个中断源的请求，又能确定首先为哪一个中断源服务。为了解决这一问题，通常给各个中断源规定了优先级别，称为优先权。

当两个或者两个以上的中断源同时提出中断请求时，计算机首先为优先权最高的中断源服务，再响应级别较低的中断源。计算机按中断源级别高低逐次响应的过程称为优先级排队。这个过程可以通过硬件电路来实现，也可以通过程序查询来实现。

（3）实现中断嵌套（高级中断源能中断低级中断处理）。当 CPU 响应某一中断源的请求进行中断处理时，若有优先权级别高的中断源发出中断请求，则 CPU 能中断正在执行的中断服务程序，并保留这个程序的断点，响应高一级中断。当高级中断处理完以后，再继续进行被中断的中断服务程序，这个过程称中断嵌套，如图 4-32 所示。如果发出新的中断请求的中断源的优先权级别与正在处理的中断源同级或更低时，则 CPU 暂不响应这个中断申请，直至将正在处理的中断服务程序执行完之后才去响应新发出的中断申请，并做出相应的处理。

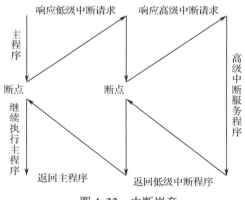

图 4-32　中断嵌套

4. 中断系统

中断过程是在硬件的基础上再配以相应的软件实现的。计算机不同，其硬件结构和软件指令也不尽相同，因而中断系统一般也有所差异。80C51 中断系统结构框图如图 4-33 所示。

由图 4-33 可知，80C51 系列单片机是一个多中断源的单片机，共有 3 类 5 个中断源，5 个中断源中有两个外部中断源，由 $\overline{INT0}$、$\overline{INT1}$（P3.2、P3.3）输入；两个为片内定时/计数器溢出时产生的中断请求（用 TF0、TF1 做标志）；另外一个为片内串行口产生的发送中断 TI 或接收中断 RI（TI 或 RI 作为一个中断源）。

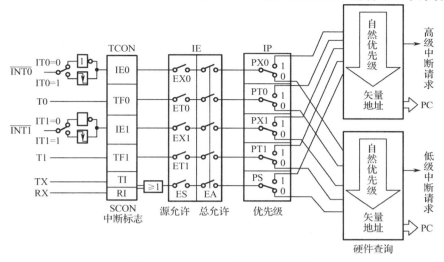

图 4-33 80C51 中断系统结构框图

1）外部中断源

由外部原因引起的中断即为外部中断，共有两个：即外部中断 0 和外部中断 1，相应的中断请求信号输入端是 $\overline{INT0}$ 和 $\overline{INT1}$。其触发方式也有两种，即电平触发方式和脉冲触发方式。

CPU 在每个周期的 S5P2 检测 $\overline{INT0}$ 和 $\overline{INT1}$ 上的信号。对于电平触发方式，若检测到低电平即为有效的中断请求；对于脉冲触发方式要检测两次，若前一次为高电平，后一次为低电平，则表示检测到了负跳变的有效中断请求信号。在实际使用时，低电平或高电平的宽度至少要保持一个机器周期即 12 个振荡周期，主要目的是为了保证检测的可靠性。

$\overline{INT0}$ 为外部中断 0 请求，通过 P3.2 脚输入。由 IT0（TCON.0）引脚来决定什么情况下有效，是低电平有效还是负跳变有效。当输入有效信号时，由内部硬件置位 IE0，即向 CPU 发出中断申请，以便识别。

$\overline{INT1}$ 为外部中断 1 请求，通过 P3.3 脚输入。由 IT1（TCON.2）引脚来决定什么情况下有效，是低电平有效还是负跳变有效。当输入有效信号时，由内部硬件置位 IE1，即向 CPU 发出中断申请，以便识别。

2）定时/计数器 0、1 的溢出中断 TF0 和 TF1

TF0 为定时器 T0 溢出中断请求。当定时器 T0 产生溢出时，定时器 T0 中断即请求标志 TF0 置位，请求中断。

TF1 为定时器 T1 溢出中断请求。当定时器 T1 产生溢出时，定时器 T1 中断即请求标志 TF1 置位，请求中断。

3）串行口中断

RI 或 TI 为串行中断请求。当接收或发送完一串行帧时，置位内部串行口中断即请求标志 RI 或 TI，请求中断。

当 CPU 响应某一中断源的中断申请之后，CPU 即把此中断源的中断入口地址存入 PC 中，中断服务程序即从此地址开始执行。

5. 特殊功能寄存器

80C51 中每一个中断请求标志位都对应每一个中断请求，它们分别用特殊功能寄存器 TCON 和 SCON 中相应的位表示。

1）定时器控制寄存器 TCON 的中断标志

TCON 是用来存放两个定时/计数器的溢出中断请求标志和两个外部中断请求标志的，同时也是定时/计数器 0 和 1 的控制寄存器。该寄存器的地址为 88H，位地址 8FH～88H。TCON 寄存器与中断有关的位如下所示：

位地址	8F	8E	8D	8C	8B	8A	89	88
位称号	TF1	—	TF0	—	IE1	IT1	IE0	IT0

IE0（IE1）：外部中断请求标志位，当 CPU 采样到 $\overline{INT0}$ 或 $\overline{INT1}$ 端出现有效的中断请求时，此位由硬件置 1，表示外部事件请求中断。在中断响应完成后转向中断服务时，该标志被内部硬件自动清除。

IT0（IT1）：外部中断请求信号方式控制位，当 IT0（IT1）=1 时，选择脉冲触发方式（又称边沿触发方式，分为负跳变和正跳变），负跳变有效；当 IT0（IT1）=0 时，选择电平触发方式（分为高电平和低电平），低电平有效。该位由用户设置。

TF0（TP1）：定时器的中断溢出标志位，当产生溢出时，此位由硬件置 1，当定时/计数器转向中断服务时，此位由硬件自动清零。

2）串行口控制寄存器 SCON 的中断标志

串行口控制寄存器 SCON 低二位用来作为串行口中断请求标志。该寄存器的地址是 98H，位地址为 9FH～98H。串行口控制寄存器 SCON 与中断有关的位如下所示：

位地址	9F	9E	9D	9C	9B	9A	99	98
位符号	/	/	/	/	/	/	TI	RI

RI：串行口接收中断请求标志位。当硬件置 1 时，表明 80C51 接收到一帧串行数据。需要注意的是当 CPU 转向中断服务程序后，该位应由软件清零。

TI：串行口发送中断请求标志位。当硬件置 1 时，表明 80C51 发送完一帧串行数据。在转向中断服务程序后，该位也应由软件清零。

3）中断允许控制寄存器 IE

在 80C51 单片机中断系统中，中断的允许或禁止是由片内的中断允许寄存器 IE 控制的。IE 寄存器的地址是 A8H，位地址为 AFH～A8H。其内容和位地址如下：

位地址	AF	AE	AD	AC	AB	AA	99	A8
位符号	EA	/	/	ES	ET1	EX1	ET0	EX0

EA：中断允许总控制位。EA=0 时，表示所有的中断请求被屏蔽，即 CPU 禁止所有中断；EA=1 时，则表示 CPU 开放中断，但每个中断源的中断请求是允许还是禁止，须由各自的允许位来控制和进行。

EX0（EX1）：外部中断允许控制位。EX0（EX1）=1，允许外部中断；EX0（EX1）=0，禁止外部中断。

ET0（ET1）：定时/计数器的中断允许控制位。ET0（ET1）=1，允许定时/计数器中断；ET0（ET1）=0，禁止定时/计数器中断。

ES：串行中断允许控制位。ES=1，允许串行中断；ES=0，禁止串行中断。

中断允许寄存器中各相应位的状态，可根据要求用软件置位或清零。

4）中断优先级控制寄存器 IP

80C51 单片机的中断优先级控制，系统只定义了高、低两个优先级。各中断源的优先级由优先级控制寄存器 IP 来进行设定。

IP 寄存器地址是 B8H，位地址为 BFH～B8H。寄存器的内容及位地址表示如下：

位地址	BF	BE	BD	BC	BB	BA	B9	B8
位符号	/	/	/	PS	PT1	PX1	PT0	PX0

PX0：外部中断 0 优先级设定位。PX0=1，外部中断 0 定义为高优先级中断；PX0=0，外部中断 0 定义为低优先级中断。

PT0：T0 中断优先级设定位。PT0=1，T0 定义为高优先级中断；PT0=0，T0 定义为低优先级中断。

PX1：外部中断 1 优先级设定位。PX1=1，外部中断 1 定义为高优先级中断；PX1=0，外部中断 1 定义为低优先级中断。

PT1：T1 中断优先级设定位。PT1=1，T1 定义为高优先级中断；PT1=0，T1 定义为低优先级中断。

PS：串行口中断优先级设定位。PS=1，串行口中断定义为高优先级中断；PS=0，串行口中断定义为低优先级中断。

中断优先级控制寄存器 IP 的各个控制位都可以通过软件来置位或清零。单片机复位后，IP 中各位均被清零。

中断优先级是为中断嵌套服务的，80C51 单片机中断优先级的控制原则如下：

（1）一个中断一旦得到响应，与之同级或低级的中断请求不能中断它。

（2）高优先级中断请求可以打断低优先级的中断服务，但低优先级中断请求不能打断高优先级的中断服务，从而实现中断嵌套。

（3）若同级的中断请求有多个同时出现，则按 CPU 查询次序确定哪个中断请求能被响应。其查询次序为：外部中断 0→定时/计数器中断 0→外部中断 1→定时/计数器中断 1→串行口中断。

6. 中断处理过程

中断响应、中断处理和中断返回是中断处理过程的 3 个阶段。虽然所有计算机的中断处理都有这样 3 个阶段，但不同的计算机由于中断系统的硬件结构不完全相同，因而中断响应的方式也有所不同，下面以 80C51 单片机为例来介绍中断处理过程。

1）中断的响应

中断响应是指在满足 CPU 的中断响应条件之后，CPU 对中断源中断请求的回答。在这个阶段，CPU 要完成中断服务程序以前的所有准备工作，其主要内容是：保护断点和把程序转向中断服务程序的入口地址。需要注意的是计算机在运行时，并不是任何时刻都会去响应中断请求，只有在中断响应条件满足之后才会响应中断请求。

CPU 响应中断的基本条件共三条，分别是：

（1）首先中断源须发出中断申请；

（2）CPU 允许所有中断源申请中断，即中断总允许位 EA=1；

（3）中断源可以向 CPU 申请中断，申请中断的中断源的中断允许位为 1。

以上是 CPU 响应中断的基本条件。如果满足上述条件，CPU 通常会响应中断，但如果存在有下列任一种情况，则中断难以响应。

（1）CPU 正在执行一个高一级的或同级的中断服务程序；

（2）正在执行的指令还未完成，即当前机器周期不是正在执行的指令的最后一个周期；

（3）正在执行的指令是对专用寄存器 IE、IP 进行读/写的指令或者是返回指令，此时，不会马上响应中断请求，至少在执行一条其他指令之后才会响应。

若满足以上任意一种情况，中断查询结果就被取消；否则，在紧接着的下一个机器周期，就会响应中断。

在每个机器周期的 S5P2 期间，CPU 对各中断源采样，同时设置相应的中断标志位。CPU 在下一个机器周期 S6 期间按优先级顺序查询各中断标志，如查询到某个中断标志为 1，将在下一个机器周期 S1 期间按优先级进行中断处理。中断查询在每个机器周期中反复执行，如果中断响应的基本条件已满足，但由于上述三条之一而未被及时响应，待上述封锁的条件被撤销之后，中断标志却已消失了，则这次中断申请实际上已不能执行。

如果中断响应条件满足，且不存在中断受到阻断的情况，那么 CPU 即响应中断。将对应的中断入口装入程序计数器 PC，使程序转向该中断入口地址，执行中断服务程序。

2）中断响应过程

中断响应过程就是自动调用并执行中断函数的过程。

C51 编译器支持在 C 源程序中直接以函数形式编写中断服务程序。常用的中断函数定义语法如下：

```
void 函数名()      interrupt n
```

其中 n 为中断类型号，C51 编译器允许 0～31 个中断，n 取值范围为 0～31。下面给出了 8051 控制器所提供的 5 个中断源所对应的中断类型号和中断服务程序入口地址：

中断源	n	入口地址	函数定义举例
外部中断 0	0	0003H	void INT0() interrupt 0
定时/计数器 0	1	000BH	void T0() interrupt 1
外部中断 1	2	0013H	void INT1() interrupt 2
定时/计数器 1	3	001BH	void T1() interrupt 3
串行口	4	0023H	void TR() interrupt 4

7. 中断请求撤除

CPU 响应某中断请求后，为防止引起另一次中断，TCON 或 SCON 中的中断请求标志应及时清除。对于定时器溢出中断，CPU 在响应某中断后，要用硬件清除有关的中断请求标志 TF0 或 TF1，即中断请求无须采取其他措施，是自动撤除的。

对于串行口中断，CPU 响应中断后不能自动撤除这些中断，CPU 没有用硬件清除 TI 或 RI，用户必须在中断服务程序中用软件来清除。

对于边沿触发的外部中断，CPU 在响应中断后，也是通过硬件自动清除有关的中断请求标志 IE0 或 IE1，即中断请求无须采取其他措施，也是自动撤除的；对于电平触发的外部中断，CPU 响应中断后是由硬件自动清除中断申请标志 IE0 或 IE1，但并不能彻底解决中断请求的撤除问题，因为尽管中断标志清除了，但是 $\overline{INT0}$ 或 $\overline{INT1}$ 引脚上的低电平信号可能会保持较长的时间，在下一个机器周期中断请求时，又重新会使 IE0 或 IE1 置 1，这就必须在外部中断请求信号接到 $\overline{INT0}$ 或 $\overline{INT1}$ 引脚的电路上采取措施，以及时撤除中断请求信号。图 4-34 所示是一种可行的方案。外部中断请求信号并没有直接加在 $\overline{INT0}$ 或 $\overline{INT1}$ 上，而是加在 D 触发器的 CLK 端。D 端接地，当外部中断请求的正脉冲信号出现在 CLK 端，且 $\overline{INT0}$ 或 $\overline{INT1}$ 为低电平时，发出中断请求。用 P1.0 接在触发器的 $\overline{S}$ 端作为应答线。

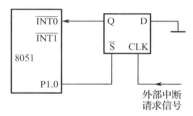

图 4-34 外部中断撤除电路

8. 中断响应时间

CPU 不是在任何情况下都对中断请求立即响应，而且不同情况对应的中断响应时间也不同。所谓中断响应时间，是从查询中断请求标志位开始到转向中断入口地址所需的机器周期数。

80C51 单片机的最短响应时间为 3 个机器周期。中断请求标志位查询占 1 个机器周期，而这个机器周期是执行指令的最后一个机器周期，在这个机器周期结束后，中断即被响应，执行长调用指令需要两个机器周期，这样中断响应共经历了 3 个机器周期。

若中断响应被前面所述的情况所封锁，响应时间将更长。假设中断标志查询时，刚好开始访问 IE、IP 的指令，则需要把当前指令执行完再继续执行一条指令后，才能进行中断响应。访问 IE、IP 指令最长要两个机器周期。而如果继续执行的那条指令恰好是 MUL（乘）或 DIV（除）指令，则又需要 4 个机器周期，再加上执行长调用指令所需要的两个机器周期，即需要 8 个机器周期的最长响应时间。

当然，如果出现同级或高级中断正在响应或服务中需等待的时候，那么响应时间就无法计算了。按照以上估算，若系统中只有一个中断源，则响应时间为 3～8 个机器周期。

9. 中断系统应用

中断控制实质上就是用软件对 4 个与中断有关的特殊功能寄存器 TCON、SCON、IE 和

IP 进行管理和控制。人们对这些寄存器相应位的状态进行预置，CPU 就会按照人的意向对中断源进行管理和控制。在 80C51 单片机中，需要人为地进行管理和控制的有以下几点：

（1）CPU 的开中断、关中断应控制；

（2）各中断源中断请求的允许和禁止；

（3）各中断源优先级别的设定；

（4）外部中断请求的触发方式。

中断管理程序和中断控制程序一般在主程序中编写，并不独立编写。中断服务程序是为中断源的特定要求服务，是具有特定功能的独立程序段。在中断响应过程中，断点的保护主要由硬件电路来实现。在多级中断系统中，中断可以嵌套。

项目小结

本项目介绍了单片机内部定时/计数器和中断系统的结构、编程技巧与应用，及单片机与 LED 数码管、LED 点阵和键盘之间的接口技术与编程应用。主要内容包括：

（1）LED 数码管按内部结构分为共阴极和共阳极两种结构；按显示方式又可分为静态显示和动态显示。

（2）51 单片机内部有两个 16 位可编程定时器/计数器 T0 和 T1，通过介绍其概念、原理和工作方法，掌握定时器/计数器工作方式控制寄存器 TMOD、控制寄存器 TCON 和初值的设置方法。

（3）LED 点阵的结构、显示原理及与单片机的接口技术。

（4）单独键盘和行列式键盘的接口技术。

（5）51 单片机中断系统的概念、结构和程序编写方法。

习题 4

一、选择题

1. 共阳极结构的 LED 数码管公共端接（   ）。

A. P0 口   B. VCC   C. GND   D. 不接

2. LED 点阵显示器，一次只能点亮（   ）行。

A. 1   B. 2   C. 3   D. 8

3. MCS-51 单片机采用 12 MHz 的晶振，定时器 T1 为软启动，用做定时方式，采用工作方式 1，则方式寄存器 TMOD 的值为（   ）。

A. 0x10   B. 0x01   C. 0x20   D. 0x50

4. MCS-51 单片机采用 12 MHz 的晶振，定时器 T0 为软启动，用做计数方式，采用工作方式 2，则方式寄存器 TMOD 的值为（   ）。

A. 0x02   B. 0x06   C. 0x05   D. 0x50

5. 51 系列单片机定时器/计数器 T0 用做计数功能时，外部脉冲由单片机（   ）引脚输入。

A．P3.2   B．P3.3   C．P3.4   D．P3.5

6．按键消除机械抖动可采用的方法有（   ）。

A．硬件去抖动   B．软件去抖动

C．单稳态电路去抖动   D．软、硬件两种方法

7．MCS-51 系列单片机 CPU 开总中断语句是（   ）。

A．ET1=1   B．ES=1   C．EA=1   D．EX0=1

二、填空题

1．在单片机应用系统中，LED 数码管有_____和_____两种显示方式。

2．当 LED 数码管应用于显示位数较少的场合时，一般采用_____显示方式。

3．LED 数码管按照内部连接方式不同可分为_____和_____两种结构。

4．51 单片机采用 12 MHz 的晶振，用定时器 T1 方式 1 定时 40 ms，则初值 TH0=_____，TL0=_____，启动定时器 T1 的语句为_____。

5．单片机定时器/计数器用做定时功能时，是对单片机内部_____进行计数。

6．单片机定时器/计数器用做计数功能时，是对_____进行计数。

三、上机操作题

1．结合数码管和定时器/计数器相关知识，设计 1 位 LED 数码管显示 0～9 的简易秒表。

2．结合简单计数器相关知识，设计双输入计数器并仿真功能。

3．结合行列式按键相关知识，设计行列式输入显示电路并仿真功能。

项目5

单片机扩展技术

教学引导

存储器是单片机系统设计中的重要组成部分，可用于存储程序、数据等相关信息资料。在单片机内部存储器容量不足时，设计者可以根据需要选用合适的存储器对系统容量进行扩展。本项目以常用的数据存储器芯片 CY6264 和程序存储器芯片 AT25F512 为例，通过片内外信息的存储，介绍外部存储器的扩展技术。

知识重点	1. 单片机 I/O 端口的应用 2. 常用数据存储器 CY6264 的引脚功能、应用电路及控制方式 3. 常用程序存储器 AT25F512 的使用方式 4. 硬件电路及程序调试
知识难点	1. 各存储器的特点 2. 硬件电路、程序编写及调试
建议学时	8 学时
教学方式	从具体任务入手，通过对常用的数据存储器及程序存储器特点的认知及片内外数据转存电路的设计与仿真，进一步熟悉单片机 I/O 口的应用，掌握单片机的存储器扩展技术
学习方法	分析法　讨论法　实操法　理解例程→修改例程→编写新例程

任务 5-1 数据存储器扩展设计与仿真

1. 任务分析

数据存储器（RAM）主要用于实现中间运算结果、暂存数据等信息的存储。在数据存储器中能够在任意指定的地址上随时写入或读出信息，当电源掉电后，RAM 中的数据信息就会消失。当单片机用于处理或采集大批量数据时，仅靠内部提供的 RAM 是远远不够的。此时，可以利用单片机的扩展功能，扩展外部数据存储器。本任务要求利用数据存储器芯片 CY6264 设计一个扩展电路，实现向 CY6264 中写入 1～200 之间的整数，然后将其逆向复制到 0x0100 地址开始处。

2. 电路设计

利用单片机的 P0 口及 P2 口作为地址及数据的输入/输出端口。P0 口是一个 8 位漏极开路的双向端口，须接上拉电阻才能正常输出高电平，在对外部存储器进行存取操作的时候作为低 8 位地址及数据总线。P2 口是一个具有内部上拉电阻的 8 位双向端口，在访问外部存储器时 P2 口作为高位地址的输出端口。

单片机与 CY6264 的硬件电路连接图如图 5-1 所示，存储器控制方式采用线选法，即通过单片机 P2.7 脚来选通存储器。单片机送出的 13 位地址数据中，低 8 位地址通过扩展的 74LS373 实现锁存，高 5 位地址则直接由 P2 口上的 P2.0～P2.4 产生。CY6264 的控制引脚 $\overline{WE}$ 和 $\overline{OE}$ 分别接到单片机 $\overline{WR}$ 和 $\overline{RD}$ 引脚上，用于通过片外数据访问指令直接进行数据的读写。

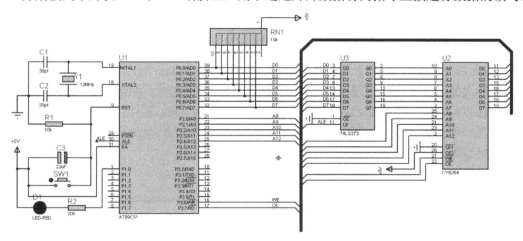

图 5-1 硬件电路图

3. 软件程序设计

在图 5-1 硬件电路基础上，设计一段程序实现向 CY6264 中写入 1～200 之间的整数，然后将其逆向复制到 0x0100 地址开始处。在单片机对外部 RAM 进行控制时，分为读数据和写数据两种。

读数据时，由于芯片的 $\overline{CE1}$ 引脚已经接地，CE2 引脚已经接电源，所以 CY6264 处于选中状态，此时由单片机 P2 口和 P0 口分别输出高 5 位地址和低 8 位地址。当 ALE 输出下降沿时，74LS373 将低 8 位地址锁存，在 $\overline{RD}$ 信号为低电平时，从 CY6264 中读取数据。

写数据时，由于芯片 CY6264 一直处于选中状态，所以与读数据类似，由单片机 P2 口和 P0 口分别输出 13 位地址。当 ALE 输出下降沿时，74LS373 将低 8 位地址锁存。然后 P0 口输出数据，并在 $\overline{WR}$ 为低电平时，将数据写入 CY6264 中。

按照写数据的控制方式，程序如下：

```c
#include<reg51.h>
#include<absacc.h>
#define uchar unsigned char
#define uint unsigned int
sbit LED=P1^0;
//主程序
void main()
{
    uint i;
    LED=1;
    for(i=0;i<200;i++)          //向 CY6264 的 0x0000 地址开始写入 1～200
    {
        XBYTE[i]=i+1;
    }
    for(i=0;i<200;i++)          //将 CY6264 中的 1～200 逆向复制到 0x0100 开始处
    {
        XBYTE[i+0x0100]=XBYTE[199-i];
    }
    LED=0;                      //扩展内存数据处理完后 LED 点亮
    while(1);
}
```

4. 仿真结果

将 Keil 软件编译生成的十六进制文件加载到芯片中，单击"运行"按钮，启动系统仿真，仿真结果如图 5-2 所示。观察 LED 的状态，当 LED 亮起时，数据已经写入完毕。按一下复位按钮即可重复写数据的过程。同时，还可以利用 Proteus 软件中提供的虚拟示波器的功能，将各个信号线接至虚拟示波器的探头上，每次可测量 4 个信号，根据虚拟示波器中每个信号的变化可以观察到数据的传送状态。

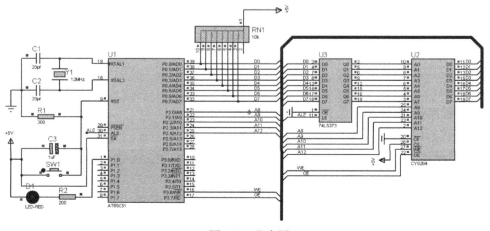

图 5-2　仿真图

5. 任务小结

本任务通过用 51 单片机扩展外部数据存储器并进行数据存储的实现过程，让读者初步了解外部数据存储器的扩展方法及数据存储方法，学习如何用 C 语言编程通过单片机的 I/O 端口控制外部数据存储器。

相关知识

5.1 数据存储器的引脚及功能

数据存储器种类有很多，其中常见的型号有 CY6116、CY6264、CY62128 等。其中 CY6264 和 CY62128 都是 28 引脚的存储器，容量分别为 8KB 和 16KB。由于 CY6264 应用较为广泛，这里就以该芯片为例进行介绍。

CY6264 是美国 Cypress 半导体公司的 COMS 工艺数据存储器，单一+5 V 供电，额定功耗 200 mW，典型存取时间 200 ns，具有 SOIC 封装形式，采用双译码方式，行线由 A1～A8 进行控制，列线由 A0、A9～A12 控制。地址线 A0～A12 上的数据输入至 CY6264，分别经过行、列译码器译码后选中对应的存储单元。

SOIC 封装 CY6264 的引脚分布如图 5-3 所示。

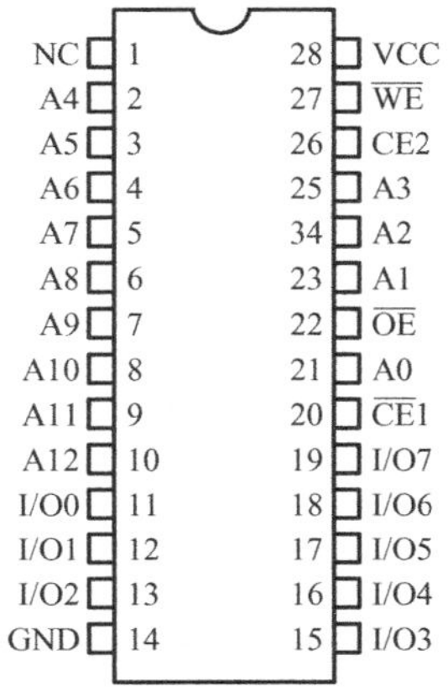

```
         ┌───┬─┐
    NC ──┤ 1   28 ├── VCC
    A4 ──┤ 2   27 ├── WE‾
    A5 ──┤ 3   26 ├── CE2
    A6 ──┤ 4   25 ├── A3
    A7 ──┤ 5   34 ├── A2
    A8 ──┤ 6   23 ├── A1
    A9 ──┤ 7   22 ├── OE‾
   A10 ──┤ 8   21 ├── A0
   A11 ──┤ 9   20 ├── CE1‾
   A12 ──┤ 10  19 ├── I/O7
   I/O0 ─┤ 11  18 ├── I/O6
   I/O1 ─┤ 12  17 ├── I/O5
   I/O2 ─┤ 13  16 ├── I/O4
   GND ──┤ 14  15 ├── I/O3
         └───────┘
```

图 5-3 CY6264 的引脚分布

CY6264 的引脚功能如表 5-1 所示。

表 5-1 CY6264 的引脚功能

引脚名称	功　　能
A0～A12	地址线，用于传送地址信号
D0～D7	数据线，用于传送芯片的读写数据
$\overline{OE}$	允许输出线。若 $\overline{OE}=0$，则读出数据可以直接送至数据线；否则，读出数据只能到达芯片内部总线

续表

引脚名称	功能
$\overline{CE1}$、CE2	片选输入线。当 $\overline{CE1}$=0，CE2=1 时，芯片被选中工作；否则，芯片不工作
$\overline{WE}$	读写命令线。若 $\overline{WE}$=1，则芯片建立读工作状态；若 $\overline{WE}$=0，芯片处于写入状态
VCC	电源线
GND	地
NC	保留

通过改变控制引脚的电平可以实现 CY6264 的 3 种工作模式的切换，具体关系如表 5-2 所示。在这 3 种工作模式中，读出和写入方式是有效模式，其他均无效。

表 5-2 CY6264 的功能真值

$\overline{CE1}$	CE2	$\overline{WE}$	$\overline{OE}$	输入/输出	模式
1	×	×	×	高阻	未选通
×	0	×	×	高阻	未选通
0	1	1	0	数据输出	读出模式
0	1	0	1	数据输入	写入模式
0	1	1	1	高阻	未选通

1. 读出模式

CY6264 的读出数据时序如图 5-4 所示。当片选输入端 CE1 为低电平，CE2 为高电平时，CY6264 处于选中工作状态。首先，将 $\overline{OE}$ 置于高电平状态，然后送出地址，再将 $\overline{OE}$ 拉至低电平，这时就可以读取 I/O 线上的数据。

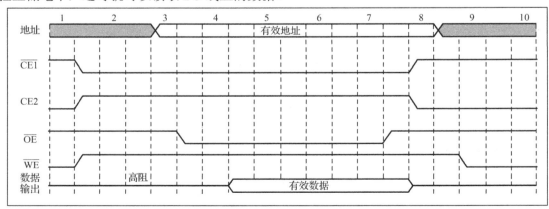

图 5-4 CY6264 的读出数据时序

2. 写入模式

CY6264 写入数据时序如图 5-5 所示，CY6264 应处于选中工作状态。首先将 $\overline{OE}$ 置于高电平状态，然后送出地址，再将 $\overline{WE}$ 拉至低电平，这时就可以向 I/O 写数据了。

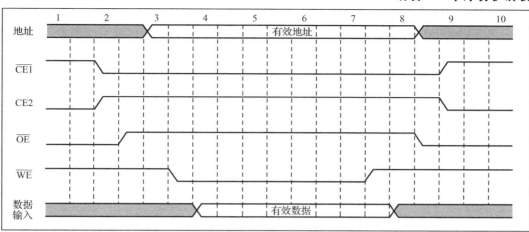

图 5-5　CY6264 的写入数据时序

小提示： 单片机中用于控制存储器的引脚有以下 3 个。

1. $\overline{\text{PSEN}}$：控制程序存储器的读操作，在执行指令的取指阶段和从程序存储器中取数据时有效。

2. $\overline{\text{RD}}$：控制数据存储器的读操作，从外部数据存储器中读取数据时有效。

3. $\overline{\text{WR}}$：控制数据存储器的写操作，向外部数据存储器中写数据时有效。

5.2　数据存储器的种类及特点

RAM 存储器又称为读/写存储器，它内部的数据随时可以读出，也可以改写。由于 RAM 中存放的数据在掉电后会丢失，因此又被称为易失性存储器。RAM 通常用于存放暂时性的数据，也常用做堆栈功能。

现在常见的 RAM 存储器按照工艺可分为以下几种类型：

1. SRAM

静态（static）RAM 缩写为 SRAM，这类存储器的基本存储单元为触发器，只要不掉电，器件中的信息就不会消失，不用通过刷新电路定时刷新数据。但是，相比同体积的 DRAM，SRAM 的存储容量较小。

2. DRAM

动态（dynamic）RAM 缩写为 DRAM，这类存储器的基本存储单元为 MOS 管。正常工作时，需要通过刷新电路自动完成数据刷新，以免信息丢失。DRAM 具有集成度高、功耗低等特点，但在电路中需要增加刷新电路，在单片机系统中一般较多情况下采用 SRAM。

3. FRAM

铁电（ferromagnetic）RAM 缩写为 FRAM，铁电存储器技术最早在 1921 年提出，直到 1993 年美国 Ramtron 国际公司成功开发出第一个 4KB 的铁电存储器产品，目前所有的 FRAM 产品均由 Ramtron 公司制造或授权。铁电存储器是一种非易失性 RAM，利用铁电晶体的铁电效应实现数据存储。它结合了 SRAM 和 DRAM 易写入的特性，又具有 Flash Memory 和 EEPROM 非易失性的特点，具有读写速度快、功耗低、可擦写次数多等优点。

4. NV RAM

非易失性（non-volation）RAM 缩写为 NV RAM，又称为不挥发的 RAM。其内部除了有 RAM 存储器阵列之外，还有一个备用的 EEPROM 存储器阵列。当器件掉电时，数据将自动存入 EEPROM 中，再次上电后数据又自动存入 RAM 中。这样，保存在其中的数据就不会丢失，适用于需要掉电保护的场合。

5.3 数据存储器的主要性能指标

在单片机系统设计中，存储器的性能指标是正确选用存储器的基本依据，主要包括存储容量、存取时间、可靠性和功耗。下面就对这几方面分别进行介绍。

1. 存储容量

存储器容量是存储器的重要技术指标，其计算方法为：芯片存储容量=芯片的存储单元×每个存储单元的字长。

例如：EEPROM 存储器 CAT24WC16 的存储容量为 2 048 个单元×8 位=16 384 位（16 KB）。

在设计单片机系统时，用户可根据需要存储内容的大小来确定存储器的容量。

2. 存取时间

存取时间是指单片机读取或写入一个单元数据所需要的时间。通过器件的技术手册可以得到它的存取时间，这个时间的大小将会影响单片机系统的运行速度。

> **小知识：** 对内部数据存储区的访问比对外部数据存储区的访问快许多，应当将频繁使用的变量放在内部数据存储区，而把较少使用的变量放在外部数据存储器中。

3. 可靠性

存储器的可靠性体现了其对周围电磁场、湿度和温度等环境因素的抗干扰能力。由于半导体技术的不断发展，现在大多数存储器的平均故障间隔时间为 $5×10^6 \sim 1×10^8$ h。

4. 功耗

存储器功耗表征其在运行中消耗的电能，由"维持功耗"和"操作功耗"两部分组成。"维持功耗"是指存储器未选中时所消耗的电能，"操作功耗"是指存储器选中后所消耗的电能，这些参数都可以从芯片的数据手册中查到。在存储容量及读取速度允许的情况下，尽量选取功耗小的存储器。

任务 5-2 程序存储器扩展设计与仿真

1. 任务分析

程序存储器（ROM）又称非易失性存储器或非挥发性存储器，器件内部所存储的数据信息不会因掉电而丢失。一般用来存放工程师编写的控制程序代码（指令），也存放程序常数，如数据表，当控制程序很大，单片机内部的程序存储器容量不够时，就必须扩展外部的程序存储器。本任务要求利用 Flash ROM 芯片 AT25F512 设计一个扩展电路并编写程序，实现将 0～255 之间全部整数共 256 个数据写入外部 ROM 的 0000H～00FFH 单元中。

2. 电路设计

利用单片机的 P1 口作为地址及数据的输入/输出端口，P1 口是一个具有内部上拉电阻的 8 位双向端口，这里利用 P1.3～P1.7 这 5 个 I/O 即可实现对 AT25F512 的控制。

图 5-6 所示为单片机与 AT25F512 连接的接口电路。单片机的 P1.4、P1.5、P1.6 分别用做模拟 SPI 接口，用于实现数据的传输。P1.7 作为片选端，用于控制存储器是否工作。P1.3 作为存储器写数据允许的控制。本电路设计不需要考虑串行数据的输入控制，因此将 $\overline{\text{HOLD}}$ 脚直接接高电平。这里仅使用 Flash 存储器存储数据，因此将单片机的片外存储器端 $\overline{\text{EA}}$/VP 接高电平，表示程序执行使用片内存储器。

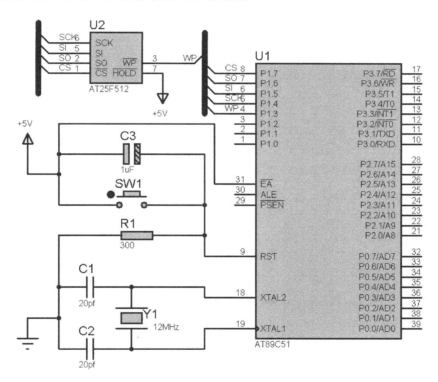

图 5-6　硬件电路

3. 软件程序设计

在图 5-6 所示的硬件电路基础上，设计一段程序实现将 0～255 之间全部整数共 256 个数据写入外部 ROM 的 0000H～00FFH 单元中。在单片机对外部 ROM 进行控制时，分为读数据和写数据两种常用的模式。

读数据，当 $\overline{\text{CS}}$ 被拉低后，芯片被选中，由 SI 发送读地址，结束时 SI 线上的任何数据都被忽略。该地址中数据移到 SO。若仅读取一个字节，$\overline{\text{CS}}$ 线必须在数据发送后被拉高。

否则，读指令会随着字节地址的增加而持续进行，数据将被连续地送出。注意，读指令必须在到达高地址（00FFFF）前终止。

写数据，对 AT25F512 写操作要分两个独立的指令，首先，器件必须通过 WPEN 指令写使能，然后写编程指令 PROGRAM。同时，存储区的地址必须被定为在块写保护区外。在写周期中，除了 RDSR 外，所有的指令都被忽略。

在写模式下，首先 $\overline{CS}$ 被拉低，通过 SI 发送写指令，接着是被写的地址和数据，写指令在 $\overline{CS}$ 拉高后开始。$\overline{CS}$ 必须在 D0（LSB）数据位的 CLK 低电平时立即由低变高。

读/忙状态可以由 RDSR 指令决定。Bit=1 时，写周期持续；Bit=0 时，写操作结束。写期间只有 RDSR 有效。

一个单独的写指令可以给一个未写保护的 1～256 KB（页）编程。开始字节可以在页的任何地方。当到达页的末尾时，地址会回卷到本页的开始。如果数据少于一整页，本页的其他字节不会改变。如果多于 256 KB，地址计数器会回卷到本页开始，前面的数据会被更换。AT25F512 在编程周期结束后返回到写禁止状态。

按照写数据的控制方式，程序如下：

```c
#include <REG52.H>
#include <intrins.h>
#define uchar unsigned char
#define uint  unsigned int
#define RDSR 0x05
#define WREN 0x06
#define WRSR 0x01
#define READ 0x03
#define program 0x02
#define delay(); {_nop_();_nop_();_nop_();_nop_();};
sbit sck=P1^4;
sbit si=P1^5;
sbit so=P1^6;
sbit cs=P1^7;
sbit wp=P1^3;
//********************函数声明********************//
uchar read_spi(void);              //模拟SPI接口读数据子程序
void write_spi(uchar comm);        //模拟SPI接口写数据子程序
//****************模拟SPI接口读数据****************//
uchar read_spi(void)
{
    uchar i=8;
    uchar dat;
    sck=1;
    while(i--)
    {
        delay();
        sck=0;
```

```
        dat=dat<<1;                 //左移一位
        delay();
        if(so==1)
            dat=dat|0x01;           //若接收位为1，将数据最后位置1
        else
            dat=dat&0xfe;           //若接收位为0，将数据最后位置0
        sck=1;
    }
    return(dat);
}
//*****************模拟SPI接口写数据*****************//
void write_spi(uchar comm)
{
    uchar i=8;
    sck=1;
    while(i--)
    {
        delay();
        sck=0;
        if((comm&0x80)==0x80)   //若发送位为1，则si输出1
        {
            si=1;
        }
        else                    //否则，si输出0
        {
            si=0;
        }
        delay();
        comm=comm<<1;               //数据左移一位
        sck=1;
    }
}
//*******************主函数*******************//
main()
{
    uchar i,temp;
    cs=0;
    wp=1;
    write_spi(WREN);
    cs=1;                           //设置AT25F512当前处于写有效状态
    cs=0;
    write_spi(WREN);               //发送写使能指令
    write_spi(program);             //发送编程指令
    write_spi(0x00);                //发送编程起始地址
    write_spi(0x00);
```

```
    write_spi(0x00);
    for(i=0;i<255;i++)write_spi(0x78);  //将数据写入
    cs=1;
    cs=0;
    do{
        write_spi(RDSR);
        temp=read_spi();
    }while((temp&0x01)==1);         //检查是否处于编程状态
    cs=1;
    while(1);
}
```

4. 仿真结果

将 Keil 软件编译生成的十六进制文件加载到芯片中。单击"运行"按钮，仿真结果如图 5-7 所示，通过虚拟示波器窗口观察各个控制引脚的状态变化。

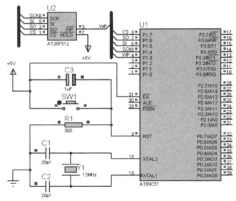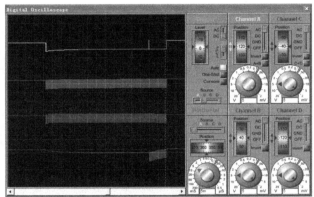

图 5-7　仿真图

5. 任务小结

本任务通过用 51 单片机扩展外部程序存储器并进行数据存储的实现过程，让读者初步了解外部程序存储器的扩展方法及数据存储方法，学习如何用 C 语言编程通过单片机的 I/O 端口控制外部程序存储器。

相关知识

5.4　程序存储器的引脚及功能

程序存储器与数据存储器的片外 64KB 扩展地址空间（0000H～FFFFH）完全重叠，都并联挂接在外部系统总线上，可以通过控制信号和片选信号确定。

本任务采用的是 Flash 存储器。Flash 存储器与 EEPROM 类似，可以长时间保持其中的数据信息，而且能实现在线擦除和重写。作为新一点的存储器形式，Flash 存储器分为串行和并行两种形式，我们应用的 AT25F512 是串行接口形式的 Flash 存储器。

AT25F 系列是 Atmel 公司生产的 SPI 接口 Flash 存储器，主要产品有 AT25F512、AT25F1024 等。其中，AT25F512 存储容量为 512KB，有 8 脚 SOIC 和 SAP 两种封装形式，具有体积小、容量大、功耗低、低电压、可靠性高等特点，能够实现 10000 次擦写。

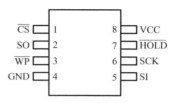

图 5-8　AT25F512 的引脚分布

8 脚 SOIC 封装的 AT25F512 引脚分布如图 5-8 所示，引脚功能如表 5-3 所示。

AT25F512 采用 8 位寄存器结构，表 5-4 所示为指令寄存器的功能和命令。所有指令和数据传输都采用高位在前、低位在后的传输方式。

表 5-3　AT25F512 的引脚功能

引脚名称	功　　能
$\overline{CS}$	片选端
SO	串行输出
$\overline{WP}$	写保护，增加对硬件数据的保护，防止不恰当的写入状态寄存器
GND	地
SI	串行输入
SCK	串行时钟
$\overline{HOLD}$	暂停串行输入，用来暂停串行通信而不重新设置串行序列
VCC	电源

表 5-4　AT25F512 的指令

指　令　名　称	指　令　格　式	操　　作
WREN	0000×110	设置写使能
WRDI	0000×100	重新设置写使能
RDSR	0000×101	读状态寄存器
WRSR	0000×001	写状态寄存器
READ	0000×011	从存储区读取
PROGRAM	0000×010	编程存储区
SECTOR RASE	0101×010	擦除存储区一个块
CHIP ERASE	0110×010	整体擦除
RDID	0001×101	读生产商和产品 ID

AT25F512 内部还含有一个 8 位状态寄存器，用于指示存储器写状态、写保护块地址、工作状态等，具体格式如下：

D7	D6	D5	D4	D3	D2	D1	D0
WPEN	×	×	×	BP1	BP0	WEN	$\overline{RDY}$

其中寄存器各位表示的意义如下：

$\overline{RDY}$：$\overline{RDY}$ =0 时，表示设备已经准备好了；$\overline{RDY}$ =1 时，正在进行写操作。

WEN：WEN=0，表示没有写使能；WEN=1 时，表示写使能。

BP0、BP1：表示芯片块写保护区地址。仅 BP0、BP1 全为 1，表示 AT25F512 所有地址的数据全部被写保护；其余状态值时均表示无块写保护区。

WPEN：写保护被使能。当 $\overline{WP}$ 为低电平、WPEN 为 1 时，硬件写保护被使能；当 $\overline{WP}$ 为高电平或者 WPEN 为 0 时禁止写保护。

5.5 程序存储器的种类及特点

现在常见的 ROM 存储器按照工艺可分为以下几种类型：

1. 掩膜 ROM（MASK ROM）

掩膜 ROM 是 IC 制造商根据需要存储的信息设计生产的存储器。存储器生产出来后就已经有固定的信息。用于成批生产的定型产品中，如用于存放 PC DOS 的 BIOS，BASIC 语言的解释程序等。

2. 一次性可编程 ROM（OTP ROM）

用户可根据自己的需要通过专用的编程器向存储器写入信息，但只能一次性地写入程序或数据。信息写入后将永久保存，不能更改，只能读出其中的信息。适合既要求一定灵活性，又要求低成本的应用场合，尤其是功能不断翻新、需要迅速量产的电子产品。

3. 紫外线擦除可编程 ROM（EPROM）

紫外线擦除可编程存储器消除了芯片只能写入一次的弊端，资料的写入要用专用的编程器，也可以通过红外线照射删除其中的信息后重新写入新的信息。EPROM 芯片有一个很明显的特征，在其正面的陶瓷封装上，开有一个玻璃窗口，透过窗口，可以看到其内部的集成电路，紫外线透过该窗口照射内部芯片 20 分钟左右就可以擦除其内部的数据，完成芯片擦除的操作要用到 EPROM 擦除器。这种存储器可以反复擦写的次数只有几十次，且速度慢，目前很少使用。

4. 电擦除可编程 ROM（EEPROM）

这种存储器用户可以通过专用编程器编程（烧录）及擦除信息。它以电子信号来修改其内容，而且是以字节为最小修改单位，也就是说用户通过编程器进行逐个存储单元的读写操作，不必将资料全部洗掉即可写入，使用时比 EPROM 方便很多。

5. 快速擦写 ROM（Flash ROM）

Flash ROM 是一种较新型的电擦除式存储器，因其读写的速度很快，存取的时间可以达到 ns 级别，所以也称为"闪存"。这种存储器可以用低电压信号进行编程和删除信息，因此，现在很多单片机内部 ROM 都是采用 Flash ROM，可以实现单片机系统的在线编程。这种芯片可擦写次数为 1 万～100 万次，保存数据的年限为 10～20 年，目前应用非常广泛。

5.6　存储器的编址方法

存储器与单片机地址总线连接时，要通过合理的地址连接形式实现单片机在某一时间只能唯一地选中某个内存单元，即为编址。常见的存储器编址方法有线选法和译码法两种。

1. 线选法

所谓线选法，就是直接利用地址总线某一位高位线作为存储器芯片的片选信号，即将高位地址线与存储芯片的片选信号直接连接。这种方法的优点是连接简单，无需专门的逻辑电路，适用于小规模单片机系统的扩展。

2. 译码法

所谓译码法，就是通过译码器对系统的高位地址进行译码，译码器的输出作为片选信号。这种方法优点是可以有效利用空间，适用于扩展的存储器芯片较多的场合。常用的译码器芯片有 74LS139、74LS138、74LS154 等。

> **小知识：单片机常用的数据通信总线**
>
> 1. SPI：SPI 总线是 Motorola 公司推出的一种同步串行接口技术。SPI 总线的基本信号线为 3 根传输线，即 SI、SO、SCK。传输的速率由时钟信号 SCK 决定，SI 为数据输入、SO 为数据输出。该总线主要应用在 EEPROM、Flash、实时时钟（RTC）、数模转换器（ADC）、数字信号处理器（DSP），以及数字信号解码器之间。
>
> 2. I²C：I²C 总线是 PHILIPS 公司推出的芯片间串行传输总线，它由两根线组成，一根是串行时钟线（SCL），一根是串行数据线（SDA）。主控器利用串行时钟线发出时钟信号，利用串行数据线发送或接收数据。I²C 总线由主控器电路引出，凡具有 I²C 接口的电路（受控器）都可以挂接在 I²C 总线上，主控器通过 I²C 总线对受控器进行控制。

项目小结

本项目叙述了 MCS-51 系列单片机扩展技术，通过扩展外部数据存储器和程序存储器来增加单片机的存储容量。主要内容包括：
1. 利用 CY6264 数据存储芯片实现数据存储器的扩展。
2. 利用 AT25F512 程序存储芯片实现程序存储器的扩展。

习题 5

一、选择题

1. 在存储器扩展电路中 74LS373 的主要功能是（　　）。

A．存储数据　　　　　B．存储地址　　　　　C．锁存数据　　　　　D．锁存地址

2．在访问外部存储器时，作为高位地址的输出端口的是（　　　）。

A．P0 口　　　　　　　B．P1 口　　　　　　　C．P2 口　　　　　　　D．P3 口

3．CY6264 数据存储器的存储容量为（　　　）。

A．2 KB　　　　　　　B．4 KB　　　　　　　C．8 KB　　　　　　　D．16 KB

4．以下存储器中不属于程序存储器的是（　　　）。

A．NV RAM　　　　　B．EPROM　　　　　C．EEPROM　　　　　D．Flash ROM

5．在生产过程中完成程序写入的只读存储器称为（　　　）。

A．掩膜 ROM　　　　　B．PROM　　　　　　C．EPROM　　　　　　D．EEPROM

二、填空题

1．在 CY6264 三种工作模式中，_____和_____方式是有效模式，其他均无效。

2．由于 RAM 中存放的数据在掉电后会丢失，因此又被称为_____。

3．存储器功耗表征其在运行中消耗的电能，由_____和_____两部分组成。

4．AT25F512 内部有一个 8 位状态寄存器，用于指示_____、_____、_____等。

5．常见的存储器编址方法有_____和_____两种。

项目6

A/D 与 D/A 转换接口电路设计

在自然界中，电信号常常以模拟量表示外界某些电信号和信号源存在，比如表示温度变换的电子信号，而在单片机世界中，所有信号都以数字量存在，不论长短，其最终是以 0 和 1 存在，因此，经常需要把单片机中的数字量信号与连续变化的模拟量信号相关联，如将单片机内部电信号转换为模拟量电压、压力、电流等。送到外部去控制某些外设；反之，同样需要把外部连续变化的模拟信号送入单片机进行数字处理。完成这种由数字量到模拟量或模拟量到数字量的变换器件分别称为数/模转换器和数/模转换器，它们是单片机同外部的模拟信号交换数据时不可缺少的元器件。

知识重点	1. A/D 转换的基本概念
	2. D/A 转换的基本概念
	3. ADC0809 及其接口电路
	4. DAC0832 及其接口电路
知识难点	1. ADC0809 及其接口电路
	2. DAC0832 及其接口电路
建议学时	8 学时
教学方式	从具体任务入手，通过简易数字电压表、波形发生器的设计与仿真，掌握对单片机 A/D 转换、D/A 转换的相关知识，接口电路及软件编程
学习方法	讨论法　动手实操法　理解例程→修改例程→编写新例程

任务 6-1　简易数字电压表设计

1. 任务分析

通过设计实现简易数字电压表，将 ADC0809 与数码管显示结合起来，学习 A/D 转换技术在单片机系统中的应用。熟悉模拟信号采集与输出数据显示的综合程序设计与调试方法。

2. 电路设计

由于数字电压表电路复杂，本任务简易数字电压表通过滑动电阻阻值变化表示外界变化模拟电压值，用数码管显示经过 A/D 转换后的数字电压值，学习相关知识后可知，ADC0809 有 8 个模拟输入通道，本任务的模拟量从 0 通道输入，由通道地址表可知，本任务的 IN0 通道地址为 000，由于本任务仅使用了通道 0，因此 ADDA、ADDB 和 ADDC 3 只引脚全部接地。具体设计电路图如图 6-1 所示，同时根据电路图绘制仿真电路图。

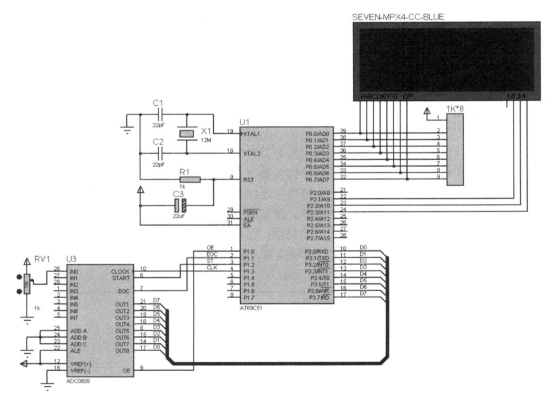

图 6-1　硬件电路图

3. 软件程序设计

从 ADC0809 的工作时序图可知，START 引脚在一个高脉冲后启动 A/D 转换，该高脉冲用指令模拟，当 EOC 引脚出现一个低电平时转换结束，然后由 OE 引脚控制，当软件指令设置 OE 端为 1 时允许输出，延时等待输出完毕后，设置 OE 为 0 关闭输出。具体程序如下所示。

```c
//名称：ADC0809模数转换与显示
#include<reg51.h>
#define uchar unsigned char
#define uint unsigned int
//数码管段码定义
uchar code LEDData[]={0x3F,0x06,0x5B,0x4F,0x66,0x6D,0x7D,0x07,0x7F, 0x6F};
//ADC0809引脚定义
sbit OE=P1^0;
sbit EOC=P1^1;
sbit ST=P1^2;
sbit CLK=P1^3;
//延时子程序
void DelayMS(uint ms)
{
  uchar i;
  while(ms--) for(i=0; i<120; i++);
}
 //显示转换结果
 void Display_Result(uchar d)
 {
    P2=0xF7;                         //第4个数码管显示个位数
    P0=LEDData[ d%10 ];
    DelayMS(5);
    P2=0xFB;                         //第3个数码管显示十位数
    P0=LEDData[ d%100/10 ];
    DelayMS(5);
    P2=0xFD;                         //第2个数码管显示百位数
    P0=LEDData[ d/100];
    DelayMS(5);
}
//主程序
void main()
{
  TMOD=0x02;
  TH0=0x14;
  TL0=0x00;
  IE=0x82;
  TR0=1;
  while(1)
  {
    ST=0;
    ST=1;
    ST=0;                            //启动转换
```

```
        while(EOC == 0);                //等待转换结束
        OE=1;                           //允许输出
        Display_Result(P3);             //显示 A/D 转换结果
        OE=0;                           //关闭输出
    }
}
//T0 定时器中断给 ADC0809 提供时钟信号
void Timer0_INT() interrupt 1
{
    CLK=!CLK;                           //ADC0809 时钟信号
}
```

4. 仿真结果

将 Keil 软件编译生成的十六进制文件加载到芯片中。单击"运行"按钮，启动系统仿真，仿真结果如图 6-2 所示。观察改变滑动变阻器的阻值数码管显示值的变化现象。

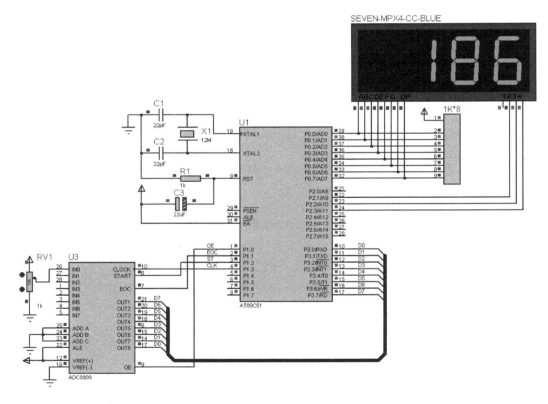

图 6-2　仿真电路图

5. 任务小结

本任务通过用 51 单片机控制连接到 P1 口的 ADC0809，实现模拟简易数字电压表的软、硬件设计，让读者初步了解 A/D 转换的理论知识和软件程序设计，学习如何用 C 语言编程来控制单片机的 A/D 转换功能设计。

相关知识

6.1　A/D 转换工作原理

A/D 转换器是通过一定的电路将模拟量转变为数字量。模拟量主要指电压、电流等电信号，也可以是压力、温度、湿度、位移、声音等非电信号，这些非电信号通过传感器可以变成电压信号输入到 A/D 转换器。A/D 转换后，输出的数字信号可以有 8 位、10 位、12 位和 16 位等类型，根据实际需要选择不同 A/D 转换元器件。

1．A/D 转换步骤

从模拟量到数字量的转换可以分为采样、保持、量化和编码四个步骤。

（1）采样是指周期地获取模拟信号的瞬时值，从而得到一系列时间上离散的脉冲采样值。

（2）保持是指在两次采样之间，将前一次采样值保存下来，使其在量化编码期间不发生变化。

（3）量化是将采样保持电路输出的模拟电压转化为最小数字量单位的整数倍。

（4）编码是指将量化后的数值通过编码用一个代码表示出来，代码就是 A/D 转换器输出的数字量。

2．常用 A/D 转换方法

A/D 转换器是实现模拟量向数字量转换的器件，按转换原理可分为四种：计数式 A/D 转换器、双积分式 A/D 转换器、逐次逼近式 A/D 转换器和并行式 A/D 转换器。目前最常用的 A/D 转换器是双积分式 A/D 转换器和逐次逼近式 A/D 转换器。前者的主要优点是转换精度高，抗干扰性能好，价格便宜，但转换速度较慢，一般用于速度要求不高的场合。后者是一种速度较快、精度较高的转换器，其转换时间大约在几微秒到几百微秒之间。

1）双积分式 A/D 转换器

采用双积分法的 A/D 转换器由电子开关、积分器、比较器和控制逻辑等部件组成。其原理图如图 6-3 所示。

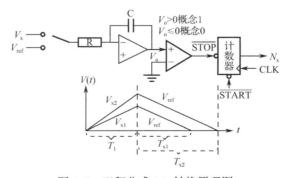

图 6-3　双积分式 AD 转换原理图

2）逐次逼近式 A/D 转换器

逐次逼近式 A/D 转换器是比较常见的一种 A/D 转换电路，转换的时间为微秒级。其原理图如图 6-4 所示。

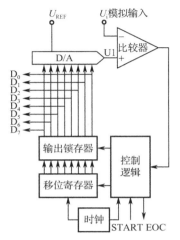

图 6-4　逐次逼近型 A/D 转换电路

3. A/D 转换器性能指标

1）分辨率（Resolution）

分辨率表示转换器对模拟输入量变化的分辨能力，通常用转换器输出数字量的位数来表示。n 位转换器，其数字量变化为 $0 \sim 2^n-1$。如果 8 位转换器，5 V 满量程输入电压时，则分辨率为 $5/(2^8-1)=1.22$（mV）。

2）转换精度

A/D 转换器的精度是指与数字输出量所对应的模拟输入量的实际值与理论值之间的差值。在 A/D 转换电路中，与每个数字量对应的模拟输入量并非是一个单一的数值，而是一个范围值，其中范围值的大小理论上取决于电路的分辨率。定义范围值为数字量的最小有效 LSB。但在外界的环境影响下，与每一数字输出量对应的输入量的实际范围往往偏离理论值。精度通常用最小的有效位 LSB 的分数值表示。目前常用的 A/D 转换集成芯片精度为 1/4～2LSB。

3）转换误差

转换误差表示 A/D 转换器实际输出的数字量和理论上输出的数字量之间的差值。

4）转换时间

转换时间是指 A/D 转换器从接到转换启动信号开始，到输出端获得稳定的数字信号所经过的时间。A/D 转换器的转换速度主要取决于转换电路的类型，不同类型 A/D 转换器的转换速度相差很大。

（1）双积分型 A/D 转换器的转换速度最慢，需几百 ms 左右；

（2）逐次逼近式 A/D 转换器的转换速度较快，需几十 μs；

（3）并行比较型 A/D 转换器的转换速度最快，仅需几十 ns 时间。

5）温度系数

温度系数是指在输入不变的情况下，输出模拟电压随温度变化而变化的量。一般用满刻度的百分数表示温度每升高 1° 输出电压变化的值。

由于生产商在设计 A/D 转换器时考虑了各种性能指标对精度的影响，一般各种误差都控制在最小分辨率以内，所以，通常用转换器选型时，分辨率和转换时间是重要的性能指标。

6.2 A/D 转换器芯片 ADC0809

ADC0809 是一个 8 位 8 通道的逐次逼近式 A/D 转换器。ADC0809 是带有 8 位 A/D 转换器、8 路多路开关以及微处理器兼容的控制逻辑 CMOS 组件。它是逐次逼近式 A/D 转换器，可以和单片机直接接口。

1. ADC0809 的内部逻辑结构

ADC0809 内部逻辑结构如图 6-5 所示，主要由三部分组成：输入通道、逐次逼近型 A/D 转换器和三态输出锁存器。

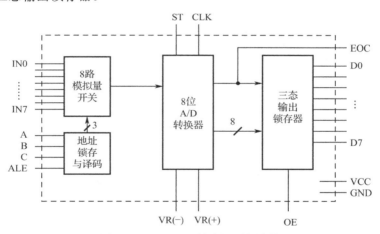

图 6-5 ADC0809 的内部逻辑结构

由上图可知，ADC0809 由一个 8 路模拟开关、一个地址锁存与译码器、一个 A/D 转换器和一个三态输出锁存器组成。多路开关可选通 8 个模拟通道，允许 8 路模拟量分时输入，共用 A/D 转换器进行转换。三态输出锁存器用于锁存 A/D 转换完的数字量，当 OE 端为高电平时，才可以从三态输出锁存器取走转换完的数据。

2. ADC0809 引脚结构

ADC0809 芯片封装形式为 DIP28，其引脚排列如图 6-6 所示。

ADC0809 各脚功能如下：

（1）IN7～IN0：8 个模拟量输入通道。

（2）ADDA、ADDB、ADDC：地址线，ADDA 为低地址线，ADDC 为高地址线。其地址状态与通道对应关系如表 6-1 所示。

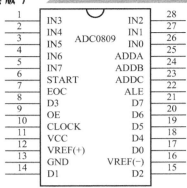

图 6-6　ADC0809 引脚结构图

表 6-1　通道选择表

C	B	A	选择的通道
0	0	0	IN0
0	0	1	IN1
0	1	0	IN2
0	1	1	IN3
1	0	0	IN4
1	0	1	IN5
1	1	0	IN6
1	1	1	IN7

（3）ALE：地址锁存允许信号。高电平有效。当 ALE 线为高电平时，地址锁存与译码器将 A、B、C 三条地址线的地址信号进行锁存，经译码后被选中的通道的模拟量进入转换器进行转换。A、B 和 C 为地址输入线，用于选通 IN0～IN7 上的一路模拟量输入。

（4）START：转换启动信号。当 ST 上跳变时，所有内部寄存器清零；下跳变时，开始进行 A/D 转换；在转换期间，ST 应保持低电平。EOC 为转换结束信号。当 EOC 为高电平时，表明转换结束；否则，表明正在进行 A/D 转换。

（5）D7～D0：数据输出线，为三态缓冲输出形式，可以和单片机的数据线直接相连。

（6）OE：输出允许信号，用于控制三条输出锁存器向单片机输出转换得到的数据。OE=1，输出转换得到的数据；OE=0，输出数据线呈高阻状态。

（7）CLK：时钟信号。ADC0809 的内部没有时钟电路，所需时钟信号由外界提供，因此有时钟信号引脚。通常使用频率为 500 kHz。

（8）EOC——转换结束状态信号。启动转换后，系统自动设置 EOC=0，转换完成后，EOC=1。该状态信号既可作为查询的状态标志，又可以作为中断请求信号使用。

（9）Vref：参考电源。参考电压用来与输入的模拟信号进行比较，作为逐次逼近的基准，其典型值为+5 V（VREF (+) =+5 V，VREF(−)=0 V）。

3. ADC0809 应用说明

（1）ADC0809 内部带有输出锁存器，可以与 AT89S51 单片机直接相连。

（2）初始化时，使 ST 和 OE 信号全为低电平。

（3）送要转换的通道地址到 A、B、C 端口上。

（4）在 ST 端给出一个至少有 100 ns 宽的正脉冲信号。

（5）根据 EOC 信号来判断是否转换完毕。

（6）当 EOC 变为高电平时，这时给 OE 为高电平，转换的数据就输出给单片机。

4. 单片机与 ADC0809 接口

1）采用 I/O 端口直接控制方式

本任务采用单片机的 I/O 口直接控制 ADC0809，ADC 的数据线直接与单片机的 P 口相连，控制线 START、ALE、OE 和 EOC 由 P 口控制，其控制方法参见本任务程序设计部分。

2）系统扩展方式

单片机通过系统扩展方式与 ADC0809 连接电路图如图 6-7 所示。

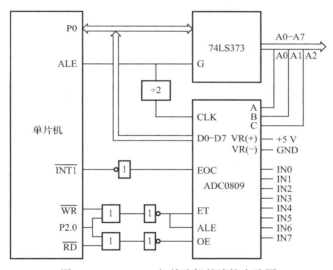

图 6-7 ADC0809 与单片机的连接电路图

其中，地址锁存器 74LS373 是带三态缓冲输出的八 D 锁存器。由于单片机的数据线与地址线的低 8 位共用 P0 口，因此必须用地址锁存器将地址信号和数据信号区分开。74LS373 的锁存控制端 G 直接与单片机的锁存控制信号 ALE 相连，在 ALE 的下降沿锁存低 8 位地址。高 8 位地址由 P2 口直接提供。

$\overline{RD}$：控制数据存储器的读操作，从外部数据存储器或 I/O 端口中读取数据时有效。

$\overline{WR}$：控制数据存储器的写操作，向外部数据存储器或 I/O 端口中写数据时有效。

任务 6-2 简易三角波发生器

1. 任务分析

通过设计实现简易三角波发生器，通过单片机控制 DAC0832 进行数/模转换，学习 D/A

单片机技术应用（C语言+仿真版）

转换技术在单片机系统中的应用。熟悉单片机控制数模转换的综合程序设计与调试方法。

2. 电路设计

由于本任务要求比较简单，所以采用单缓冲连接方式实现单片机和 DAC0832 之间的连接方式，硬件电路设计采用两级运算放大器，输出电压值 V_{out}=0～5 V。具体设计电路图如图 6-8 所示，同时根据电路图绘制仿真电路图。

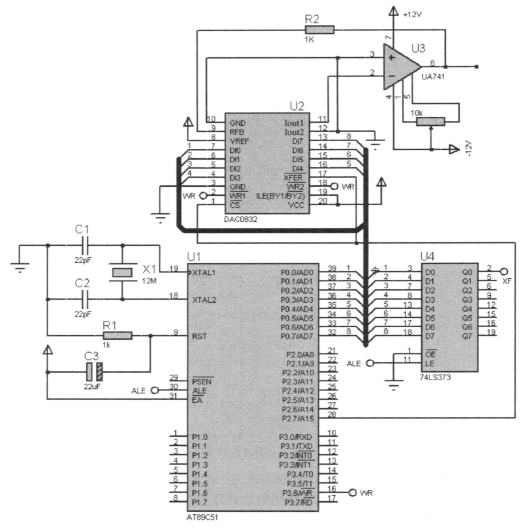

图 6-8　硬件电路图

3. 软件程序设计

采用单片机控制 DAC0832 产生简易三角波的思路如下：输出 8 位值，值的范围为 0～255，当值由小变大时，为三角波上升沿，当值由大变小时，为三角波下降沿，反复重复这一过程，就会产生三角波波形。具体程序如下所示。

```
//功能：产生三角波程序
#include<absacc.h>                    //绝对地址访问头文件
```

```
#include<reg51.h>
#define uchar unsigned char
#define uint unsigned int
#define DA0832 XBYTE[0x7fff]
void delay_1ms();                        //延时 1ms 程序
void main(void)                          //主函数
{
  uchar i;
  TMOD=0x10;                             //置定时器 1 为方式 1
  while(1)
  {
    for(i=0;i<=255;i++)                  //形成三角波输出值，最大 255
    {
        DA0832=i;                        //D/A 转换输出
    delay_1ms();
    }
    for(i=255;i>=0;i--)                  //形成三角波输出值，最大 255
    {
        DA0832=i;                        //D/A 转换输出
    delay_1ms();
    }
  }
}
//函数名：delay_1ms
//函数功能：延时 1ms，T1、工作方式 1，定时初值 64536
//形式参数：无
//返回值：无
void delay_1ms()
{
  TH1=0xfc;                              //置定时器初值
  TL1=0x18;
  TR1=1;                                 //启动定时器 1
  while(!TF1);                           //查询计数是否溢出，即定时 1 ms 时间到，TF1=1
  TF1=0;                                 //1 ms 时间到，将定时器溢出标志位 TF1 清零
}
```

4. 仿真结果

将 Keil 软件编译生成的十六进制文件加载到芯片中。单击"运行"按钮，启动系统仿真，仿真结果如图 6-9 所示。观察输出电压值的变化现象。

5. 任务小结

本任务通过用 51 单片机控制连接到 P0 口的 DAC0832，实现简易三角波发生器的软、硬件设计，让读者初步了解 D/A 转换的理论知识和软件程序设计，学习如何用 C 语言编程来控制单片机的 D/A 转换功能设计。

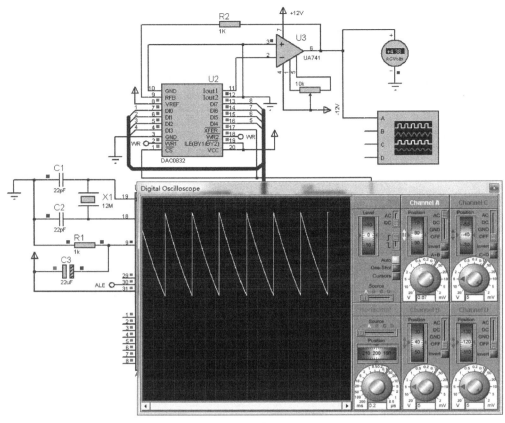

图 6-9　仿真电路图

相关知识

6.3　D/A 转换器芯片 DAC0832

数模转换器，又称 D/A 转换器，简称 DAC，它是把数字量转变成模拟量的器件。DAC0832 是一个 8 位 D/A 转换器。单电源供电，从+5～+15 V 范围均可正常工作。基准电压的范围为±10 V；电流建立时间为 1 μs CMOS 工艺，低功耗（仅为 20 mW）。常用的有 8 位、10 位、12 位三种 D/A 转换器。

1. D/A 转换器的主要特性指标

1）分辨率

分辨率反映了输出模拟电压的最小变化值。定义为输出满刻度电压与 $2n$ 的比值，其中 n 为 DAC 的位数。

分辨率与输入数字量的位数有确定的关系。对于 5 V 的满量程，采用 8 位的 DAC 时，分辨率为 5 V/256=19.5 mV；当采用 10 位的 DAC 时，分辨率则为 5 V/1 024=4.88 mV。显然，位数越多分辨率就越高。

2）建立时间

建立时间是描述 DAC 转换速度快慢的参数。定义为从输入数字量变化到输出达到终值误差±1/2 LSB（最低有效位）所需的时间。

3）接口形式

接口形式是 DAC 输入/输出特性之一，包括输入数字量的形式：十六进制或 BCD，输入是否带有锁存器等，对于不带锁存器的 D/A 转换器，为了保存来自单片机的转换数据，接口时要另加锁存器，因此这类转换器必须在数据总线上；而带锁存器的 D/A 转换器，可以把它看做是一个输出口，因此可直接在数据总线上，而不需另加锁存器。DAC0832 由于其片内有输入数据寄存器，故可以直接与单片机接口。

DAC0832 以电流形式输出，当需要转换为电压输出时，可外接运算放大器。属于该系列的芯片还有 DAC0830、DAC0831，它们可以相互代换。

2. DAC0832 引脚

DAC0832 芯片为 20 引脚，双列直插式封装，其引脚排列如图 6-10 所示。

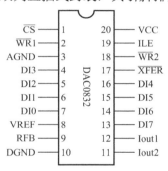

图 6-10 DAC0832 引脚图

具体引脚功能如下：

（1）DI0～DI7：8 位数据输入引脚，TTL 电平，有效时间应大于 90 ns（否则锁存器的数据会出错）；

（2）ILE：数据锁存允许控制信号输入引脚，高电平有效；

（3）$\overline{CS}$：片选信号输入引脚（选通数据锁存器），低电平有效；

（4）$\overline{WR1}$：数据锁存器写选通输入引脚，负脉冲（脉宽应大于 500 ns）有效；

（5）$\overline{XFER}$：数据传输控制信号输入线，低电平有效，负脉冲（脉宽应大于 500 ns）有效；

（6）$\overline{WR2}$：DAC 寄存器选通输入线，负脉冲（脉宽应大于 500 ns）有效；

（7）Iout1：电流输出端 1，其值随 DAC 寄存器的内容线性变化；

（8）Iout2：电流输出端 2，其值与 Iout1 值之和为一常数；

（9）RFB：反馈信号输入线，改变 RFB 端外接电阻值可调整转换满量程精度；

（10）VREF：基准电压输入线，VREF 的范围为-10～+10 V；

（11）VCC：电源输入端，VCC 的范围为+5～+15 V；

（12）AGND：模拟信号地；

（13）DGND：数字信号地。

3．DAC0832 内部结构

DAC0832 由输入寄存器和 DAC 寄存器构成两级数据输入锁存。使用时数据输入可以采用两级锁存（双锁存）形式、或单级锁存（一级锁存，另一级直通）形式，或直接输入（两级直通）形式。ILE、$\overline{CS}$ 和 $\overline{WR1}$ 是 8 位输入寄存器的控制信号。当 $\overline{WR1}$、$\overline{CS}$、ILE 均有效时，可以将引脚的数据写入 8 位输入寄存器。$\overline{WR2}$ 和 $\overline{XFER}$ 是 8 位 DAC 寄存器的控制信号。当两个信号均有效时，DAC 寄存器工作在直通方式，当其中某个信号为高电平时，DAC 寄存器工作在锁存方式。DAC0832 内部结构如图 6-11 所示。

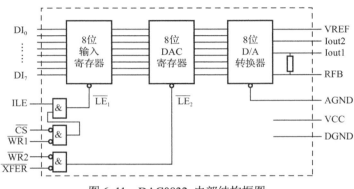

图 6-11　DAC0832 内部结构框图

4．单片机与 DAC0832 接口

根据数据的输入过程，单片机与 DAC0832 有 3 种连接方式，双缓冲器连接方式、单级缓冲器连接方式和直通连接方式。

（1）双缓冲器连接方式。两个寄存器均处于受控状态。这种工作方式适合于多模拟信号同时输出的应用场合。采用双缓冲方式时，数字式的输入锁存和 D/A 转换输出是分两步进行的；第一步，CPU 分时向各路 D/A 转换器输入要转换的数字量并锁存在各自的输入寄存器中；第二步，CPU 对所有的 D/A 转换器发出控制信号，使各路输入寄存器中的数据进入 DAC 寄存器，实现同步转换输出。图 6-12 所示为 DAC0832 与 8051 的双缓冲方式连接电路。

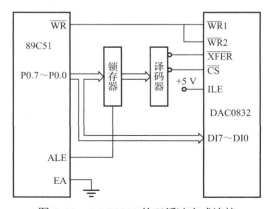

图 6-12　DAC0832 的双缓冲方式连接

（2）单级缓冲连接方式。单缓冲工作方式采用的是两个输入寄存器同时受控的连接方法。/WR1 和/WR2 一起连接 8051 的/WR，/CS 和/XFER 共同连接 8051 的 P2.7，因此两个寄存器的地址相同。虽然 DAC0832 的两个输入寄存器都处于锁存方式，但由于是同步锁存，因此是单缓冲方式。

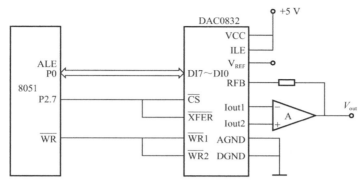

图 6-13　DAC0832 单缓冲方式接口（同时受控方式）

（3）直通连接方式。当两个寄存器的 5 个控制信号均有效时，两个寄存器均处于开通状态，数据可以从输入端经两个寄存器直接进入 D/A 转换器。

项目小结

A/D 和 D/A 转换器是单片机与外界模拟信号的重要沟通途径，本项目重点介绍了常用 ADC0809 和 DAC0832 的相关原理知识、硬件电路设计及软件程序设计，详细介绍了编程方法。

习题 6

一、选择题

1. A/D 转换后，输出的数字信号可以有（　　）等类型。

A．8 位　　　　　　　B．10 位　　　　　　　C．12 位　　　　　　　D．16 位

2. 从模拟量到数字量的转换可以分为（　　）几个步骤。

A．采样　　　　　　　B．保持　　　　　　　C．量化　　　　　　　D．编码

3. A/D 转换器是实现模拟量向数字量转换的器件，按转换原理可分为（　　）。

A．计数式 A/D 转换器　　　　　　　　　　B．双积分式 A/D 转换器

C．逐次逼近式 A/D 转换器　　　　　　　　D．并行式 A/D 转换器

4. ADC0809 是一个（　　）位（　　）通道的逐次逼近式 A/D 转换器。

A．8　8　　　　　　　B．8　12　　　　　　　C．12　12　　　　　　　D．12　16

5. ADC0809 内部逻辑结构主要由 3 部分组成：（　　）输入通道、逐次逼近型 A/D 转换器和三态输出锁存器。

A．输入通道　　　　　　　　　　　　　　　B．逐次逼近型 A/D 转换器

C．三态输出锁存器   D．双积分式 A/D 转换器

6．DAC0832 是一个（   ）位 D/A 转换器。

A．8   B．10   C．12   D．16

7．根据数据的输入过程，单片机与 DAC0832 有三种连接方式（   ）。

A．二级缓冲器连接方式   B．单级缓冲器连接方式

C．直通连接方式   D．三级缓冲连接方式

二、简述题

1．A/D 转换器性能指标。

2．ADC0809 应用步骤说明。

三、上机操作题

1．设计单片机控制 ADC0809 硬件电路，根据任务 6-1 编写带报警的程序，当输入超过某电压值时蜂鸣器发声报警，同时报警彩灯闪烁。

2．设计单片机控制 DAC0832 硬件电路，编写程序让 DAC0832 输出为锯齿波，并在仿真软件上演示运行。

项目 7

串行通信技术

本项目通过单片机的甲机串行口通过串行通信来控制单片机乙机的彩灯闪烁系统的设计、彩灯显示控制系统的设计与仿真，主要介绍单片机进行串行通信电路的实际应用，C 语言基本语句、C 语言控制语句的综合应用，通过学习提高结构化程序设计的操作能力。

知识重点	1. 串行通信方式、制式、波特率
	2. 单片机串行口结构、工作原理、工作方式
	3. 单片机之间的通信
知识难点	串行口结构及工作方式
建议学时	4 学时
教学方式	从具体任务入手，通过甲机串口控制乙机彩灯显示控制系统的设计与仿真，掌握对单片机串行通信的应用
学习方法	讨论法　动手实操法　理解例程→修改例程→编写新例程

任务 7-1　甲机串口控制乙机彩灯显示系统设计

1. 任务分析

本任务主要是实现两个单片机之间的串口通信（基于 RS-232 协议，使用 MCS-51 自带的通信接口）。作为串口通信的基本设计来说，两个单片机通信时通常会安排一个固定为主机，另一个为从机。主机负责发送，从机负责接收，即实现最基本的双机通信功能。本任务要求采用单片机甲机作为主机，乙机作为从机，制作一个甲机串口控制乙机彩灯显示系统设计，其重点是掌握单片机的简单双机通信功能的操作控制。

2. 电路设计

甲机串行口控制乙机彩灯显示系统的电路结构如图 7-1 所示。

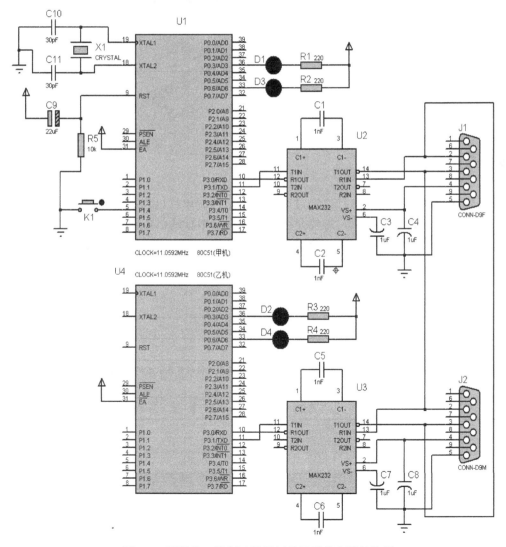

图 7-1　甲机串口控制乙机彩灯显示系统电路结构图

3. 软件程序设计

根据任务分析，甲机将串行输入信号发送给乙机，同时信号显示在甲机的发光二极管，当乙机接收到信号时，乙机的发光二极管显示接收到的信号，当甲乙闪烁一致时，表示串行通信成功，具体程序如下所示。

```
//甲机程序代码
#include <reg51.h>
#define uchar unsigned char
#define uint unsigned int
sbit LED1=P0^3;
sbit LED2=P0^6;
sbit K1=P1^4;
//延时
void Delay(uint x)
{
    uchar i;
    while(x--) for (i=0;i<120;i++) ;
}
//向串口发送字符
void putm_to_SP(uchar m)
{
    SBUF=m;while(TI==0); TI=0;
}
//主程序
void main()
{ uchar num;
  num=0;
  LED1=LED2=1;              //关闭 LED
  IE=0xFF;                  //允许中断
  SCON=0x40;               //串口工作在方式 1（01000000）
  TMOD=0x20;               //T1 工作模式 2，8 位自动装载
  PCON=0x00;               //波特率不增倍
  TH1=0xFD;                //波特率为 9 600 bit/s
  TL1=0xFD;
  TI=0;
  TR1=1;                   //启动定时器 T1
  while(1)
  {
      //按下 K1 时选择操作代码 0，1，2，3
      if  (K1==0)
      {
          while (K1==0);
          num=(num+1)%4;
      }
      //根据操作代码发送 X/A/B/C
      switch (num)
```

```
            {
              case 0:
                    LED1=LED2=1;
                    break;
              case 1: putm_to_SP('A');
                    LED1=~LED1; LED2=1;
                    break;
              case 2:putm_to_SP('B');
                    LED2=~LED2; LED1=1;
                    break;
              case 3: putm_to_SP('C');
                    LED1=~LED1; LED2=LED1;
                    break;
            }
        Delay(100);
        }
    }
//乙机代码
#include <reg51.h>
#define uchar unsigned char
#define uint unsigned int

sbit LED1=P0^3;
sbit LED2=P0^6;
//延时
void Delay(uint x)
{
   uchar i;
   while (x--) for (i=0;i<120; i++);
   }
//主程序
void main()
{  IE=0Xff;                 //参考甲机注释
   SCON=0x50;
   TMOD=0x20;
   TH1=0xFD;
   TL1=0xFD;
   RI=0;
   TR1=1;
   LED1=LED2=1;
   while (1)
   {
      if (RI)
     {
      RI = 0;
      switch (SBUF)
```

```
    {
        case 'A' : LED1= ~LED1; LED2=1; break;
        case 'B' : LED2=~LED2; LED1=1; break;
        case 'C' : LED1=~LED1; LED2=LED1; break;
    }
    }
    else LED1=LED2=1;
    Delay(100);
    }
}
```

4. 仿真结果

将 Keil 软件编译生成的十六进制文件加载到芯片中。单击"运行"按钮，启动系统仿真，仿真结果如图 7-2 所示，甲、乙机发光二极管显示状态一致，表示串行口通信成功。

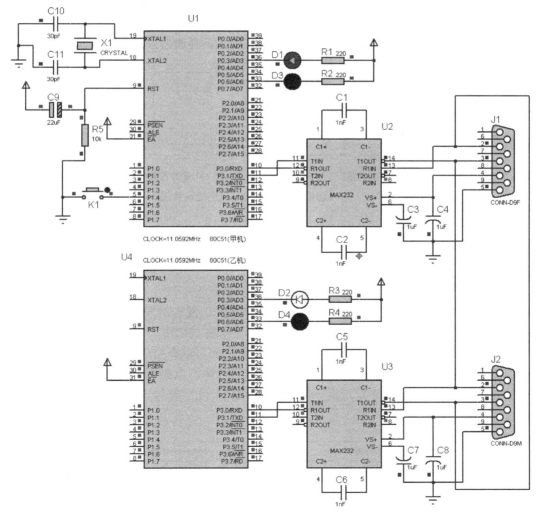

图 7-2　甲机串口控制乙机彩灯显示系统电路仿真结果

5. 任务小结

本任务通过用 MCS-51 单片机甲机串口控制乙机彩灯显示系统设计过程，实现串行通信控制彩灯闪烁效果的软、硬件设计，让读者进一步了解串行通信的原理及工作方式，学习如何用 C 语言编程来控制单片机的简单双机通信操作。

相关知识

7.1 串行通信的基本概念

计算机与外界的信息交换称为通信。通信的基本方式有两种，分别是串行通信和并行通信。串行通信是数据的各位依次逐位发送或接收，只需要 1～2 根数据线，其传输成本低，但在长距离传送时，由于每次只传送一位因而速度较慢；并行通信是数据的各位同时发送或同时接收。在多位数据并行传送时，至少需要多位数据线、一根公共线、控制线等，因而成本相对较高但其传送速度较快。如图 7-3 所示，即为两种通信方式的连接示意图。

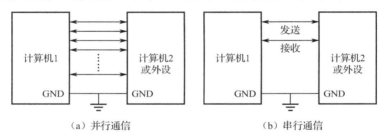

（a）并行通信　　　　（b）串行通信

图 7-3　串行通信与并行通信方式连接示意图

7.1.1 串行通信方式

串行通信按同步方式可分为异步通信和同步通信。

1. 异步通信

异步通信方式不要求接收端时钟和发送端时钟同步。发送端发送完一个字符帧后，可经过任意长的时间间隔再发送下一个。异步通信的数据格式如图 7-4 所示，一个字符帧由起始位、数据位、奇偶校验位和停止位组成，帧与帧之间可以有空闲位。起始位为 0（占用 1 位），表示一个字符的开始，可用于同步接收方的时钟，以确保能够正确接收随后的数据；停止位为 1（占用 1～2 位），表示一个字符的结束；无字符传递时，表示空闲，空闲位为 1。

图 7-4　异步通信数据帧格式

接收端不断检测线路的状态，在连续接收到逻辑"1"后收到一个逻辑"0"，表示新的字符帧开始传送。数据位是字符帧中真正需要传输的，一般为 5～8 位，从低位开始传送。为确保数据的准确传输，有些应用场合还需要在停止位之前添加 1 位奇偶校验位。异步通信中额外的附加位较多，因此，数据传送速度较低，但是对硬件的要求较低，实现起来比较容易，是单片机中常用的数据传送方式。

2. 同步通信

同步通信时接收端和发送端必须先建立同步（即双方的时钟要调整到同一个频率），才能进行数据的传输。同步通信方式以多个字符组成的数据位为传输单位，连续地传送数据，同步字符作为起始位以触发同步时钟开始发送或接收数据，多字节数据间不允许有空隙，也没有起始位和停止位，每位占用的时间相等，其数据格式如图 7-5 所示。同步通信对硬件要求较高，适合于需要传送大量数据的场合。

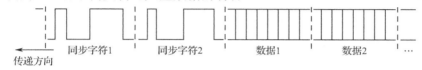

图 7-5　同步通信数据帧格式

7.1.2　串行通信的制式

串行通信按照数据传送方向可分为 3 种制式，如图 7-6 所示。

图 7-6　串行通信制式

1. 单工制式

单工制式是指主机与从机通信时只能单向传送数据。这种制式的系统组成后，发送方和接收方都是固定的，即只允许数据从一个设备发送给另一个设备，即数据传送是单向的。

2. 半双工制式

半双工制式是指通信双方都可以传送和接收数据，但不能同时接收和发送，即发送时不能接收，接收时不能发送。

3. 全双工制式

全双工制式是指通信双方都可以接收和发送数据，且发送和接收也可以同时进行。

7.1.3　串行通信波特率

在电子通信领域，波特率即调制速度，是指信号被调制以后在单位时间内的变化，即单位时间内载波参数变化的次数。它是对符号传输速率的一种度量。在串行通信中，每位数据的传送时间（即位宽）是固定的，一般用 Td 表示。Td 的倒数称为波特率，表示每秒传送的二进制代码的位数，它是衡量传输通道频宽的指标。

假设数据传输的速率为 100 字符/秒，而每个字符包括 10 个代码位（1 个起始位、1 个终止位、8 个数据位），此时波特率为 100×10=1 000 bit/s=1 000 bps。

7.1.4 RS-232C 串行通信协议

RS-232C 由美国电子工业协会（EIA）制定，是目前使用最多的一种异步串行通信总线标准。其中"RS"是 Recommended Standard（推荐标准）的缩写，"232"是该标准的标识，"C"表示此标准已修改了 3 次。

RS-232C 定义了数据终端设备（DTE）和数据通信设备（DCE）之间的物理接口规范，采用标准接口后，能够方便地把单片机、外设以及测量仪器等有机地连接起来构成一个测控系统。RS-232C 串行通信协议适合于短距离或带调制解调器的通信场合。

RS-232C 通信接口又称为 RS-232C 总路线标准。它向外面的连接器有 25 针和 9 针两种 D 型插头，目前计算机上只保留了两个 DB-9 插头，作为提供多功能 I/O 卡或主板上 COM1 和 COM2 两个串行接口的连接器。RS-232C 规定最大的负载电容为 2 500 pF，这个电容限制了传输距离和传输速率，在不使用调制解调器（modem）时，RS-232 能够可靠进行数据传输的最大通信距离为 15 m，对于 RS232C 远程通信，必须通过调制解调器进行远程通信连接。RS-232C 接口最大传输速率为 20 Kbit/s，能够提供的传输速率主要有以下几挡：1 200 bit/s、2 400 bit/s、4 800 bit/s、9 600 bit/s、19 200 bit/s 等。另外，由于传输距离与传输速度成反比关系，因此适当地降低传输速度，可以延长 RS-232 的传输距离，提高通信的稳定性。在仪器仪表或工业控制场合，9 600 bit/s 是最常见的传输速率。

RS-232C 的电气标准采用负逻辑，即：逻辑"0"：+5 V～+15 V；逻辑"1"：−5 V～−15 V。因此，RS-232C 不能和 TTL 电平直接相连，否则将使 TTL 电路烧坏，实际应用时必须注意。RS-232C 和 TTL 电平之间必须进行电平转换，常用的电平转换集成电路 MAX232，其引脚结构如图 7-7 所示，其引脚功能如表 7-1 所示。

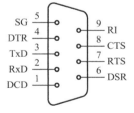

图 7-7 集成电路 MAX232 引脚结构图

表 7-1 集成电路 MAX232 引脚功能

引脚	名　称	功　能	引脚	名　称	功　能
1	DCD	载波检测	6	DSR	数据准备完成
2	RXD	发送数据	7	RTS	发送请求
3	TXD	接收数据	8	CTS	发送清除
4	DTR	数据终端准备完成	9	RI	振铃指示
5	SG（GND）	信号地线			

7.2 MCS-51 串行接口

7.2.1 串行口的结构

MCS-51 单片机串行接口是一个可编程的全双工串行通信接口，通过引脚 RXD（P3.0）和引脚 TXD（P3.1）与外界通信。串行接口的结构如图 7-8 所示。

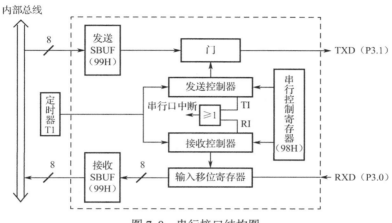

图 7-8　串行接口结构图

1. 输入移位寄存器

用于将从外设输入的串行数据转换为并行数据。SBUF：SBUF 是串行口缓冲寄存器，包括发送 SBUF 和接收 SBUF，两个缓冲器共用一个逻辑地址 99H，但实际上它们有相互独立的物理空间。CUP 对发送 SBUF 只能写入不能读出；CPU 对接收 SBUF 只能读出不能写入。

2. SCON 串行控制寄存器

SCON 是用于定义串行口的工作方式及实施接收和发送控制。

3. 定时器 T1

用于产生接收和发送数据所需的移位脉冲，称为波特率发生器。T1 的溢出频率越高，波特率越高，接收和发送数据的速度越快。

4. 串行口发送数据的工作过程

首先，CPU 通过内部总线将数据写入发送 SBUF，在发送控制电路的控制下，按设定好的波特率，每来一次移位脉冲，通过引脚 TXD 向外输出一位。一帧数据发送结束后，向 CPU 发出中断请求，TI 位置 1；CPU 响应中断后，开始准备发送下一帧数据。

5. 串行口接收数据的工作过程

CPU 不停检测引脚 RXD 上的信号，当信号中出现低电平时，在接收控制电路的控制下，按设定好的波特率，每来一次移位脉冲，读取外部设备发送的一位数据到移位寄存器。一帧数据传输结束后，数据被存入接收 SBUF，同时向 CPU 发出中断请求，RI 位置

1；CPU 响应中断后，开始接收下一帧数据。

在串行通信中，加在数据字符开始和结束部分的起始位、停止位等是由硬件电路直接完成的。在结构图中可以看出，接收数据端硬件结构使用的是双缓冲结构，主要是避免读入的数据产生重叠。

7.2.2 串行口控制寄存器

MCS-51 有关串行通信的特殊功能寄存器有 3 个，即串行数据缓冲器 SBUF、串行控制寄存器 SCON、电源控制寄存器 PCON。

1. 串行数据缓冲器 SBUF

MCS-51 系列单片机串行中有两个串行数据缓冲器，一个用于发送数据即发送寄存器，另一个用于接收数据即接收寄存器，可以同时用来发送和接收数据。发送缓冲器只能写入不能读出，接收缓冲器只能读出不能写入。两个缓冲器使用同一符号 SBUF，共用一个地址 99H，根据读、写指令来确定访问其中哪一个。

发送数据时，执行一条将数据写入 SUBF 的传送指令。即可将要发送的数据按事先设置的方式和波特率从 TXD 端串行输出。一个数据发送完成后，串行口能向 CPU 提出中断请求，发送下一个数据。

接收数据时，当一帧数据从 RXD 端经过接收端口全部进入 SBUF 后，串行口发出中断请求，通知 CPU 接收这一数据。CPU 执行一条 SBUF 的指令，就能将接收的数据送至某个寄存器或存储单元。同时，接收端口接收下一帧数据。

2. 串行口控制寄存器 SCON

（1）SCON 用于控制串行口的工作方式，同时还发送和接收第 9 位数据及串行口中断标志位。SCON 的字节地址为 98H，可进行位寻址，各位的名称和地址如表 7-2 所示。

表 7-2　SCON 的结构、位名称与位地址

SCON	D7	D6	D5	D4	D3	D2	D1	D0
位名称	SM0	SM1	SM2	REN	TB8	RB8	TI	RI
位地址	9FH	9EH	9DH	9CH	9BH	9AH	99H	98H

（2）SM0、SM1 是串行口工作方式选择位，由软件设定。共有 4 种方式，如表 7-3 所示。

表 7-3　串行口的 4 种工作方式

SM0、SM1		工作方式	功　能	波　特　率
0	0	0	8 位同步位移寄存器	$f_{osc}/12$
0	1	1	10 位 UART	由定时器 TI 控制
1	0	2	11 位 UART	$f_{osc}/64$ 或 $f_{osc}/32$
1	1	3	11 位 UART	定时器 TI 控制

注：UART 是通用异步接收/发送器的英文缩写，f_{osc} 是振荡器的频率。

（3）SM2。多机通信控制位，由软件设定，用于方式 2 或方式 3 多机通信。在方式 2 和方式 3 中，若 SM2=1 且接收到的第 9 位数据 RB8=0，则不能置位 RI；只有收到 RB8=1，RI 才可置 1。即，SM2=1 用于多机通信中，只接收地址帧，不接收数据帧。在方式 0 时，SM2 一定要等于 0；在方式 1 时，SM2=1 且接收到有效停止位时，RI 才置 1。

（4）REN。允许串行接收控制位，由软件进行置位，用于对串行数据的接收进行控制。REN=1 时，表示允许串行接收；REN=0 时，则禁止接收。

（5）TB8。在方式 2 或方式 3 中作为要发送数据的第 9 位，可根据需要由软件置 1 或清0。例如，可约定作为奇偶校验位，或在多机通信中作为区别地址帧或数据帧的标志位。

（6）RB8。在方式 2 或方式 3 中作为要接收数据的第 9 位。在方式 0 中，不使用 RB8。在方式 1 中，若 SM2=0，RB8 为接收到的停止位。在方式 2 或方式 3 中，RB8 为接收到的第 9 位数据。

（7）TI。发送中断标志。当方式 0 时，发送完第 8 位数据后，该位由硬件置位。在其他方式下，遇到发送停止位时，该位由硬件置位。当 TI=1 时，表示帧发送结束，可由软件查询 TI 位标志，也可以请求中断。TI 位必须由软件清 0。

（8）RI。接收发送中断标志。当方式 0 时，接收完第 8 位数据后，该位由硬件置位。在其他方式下，遇到发送停止位时，该位由硬件置位。当 RI=1 时，表示接收结束，可由软件查询 RI 位标志，也可以请求中断。RI 位必须由软件清 0。

3. 电源控制寄存器 PCON

PCON 主要是为 CMOS 型单片机电源控制而设置的专用寄存器，其格式如表 7-4 所示。

表 7-4　PCON 寄存器

PCON	D7	D6	D5	D4	D3	D2	D1	D0
位名称	SMOD	—	—	—	GF1	GF0	PD	IDL

PCON 的最高位 SMOD 是串行口的波特率倍增位。当 SMOD=1 时，串行口方式 1、2、3 的波特率加倍；当 SMOD=0 时，原设定的波特率不变。低 4 位用于电源控制，与串行接口无关。

7.2.3　串行口工作方式

MCS-51 串行通信 P3.0 共有 4 种工作方式，由串行控制寄存器 SCON 中的 SM0、SM1 决定，即方式 0、方式 1、方式 2 和方式 3。

1. 方式 0

当 SM=0、SM=0 时，串行口工作于方式 0。在工作方式 0 下，RXD（P3.0）作为数据输入/输出端，TXD（P3.1）作为同步脉冲输出端。发送或接收的数据 8 位为一帧，不设置起始位和停止位，低位在前，高位在后。其帧格式如表 7-5 所示，其固定的波特率是 $f_{osc}/12$。

表 7-5　方式 0 的帧格式

←数据传送方向	D0	D1	D2	D3	D4	D5	D6	D7

（1）发送数据。将发送数据缓冲器的数据串行移到外接的移位寄存器，通过引脚 RXD 输出；引脚 TXD 输出移位脉冲，用于使外接移位寄存器移位。8 位数据以 $f_{osc}/12$ 的固定频率输出，发送完一帧数据后，发送中断标志 TI 由硬件置位。

（2）接收数据。复位接收请求标志 RI=0，置位允许接收控制位 REN=1，就会启动一次接收过程，此时 RXD 为数据输入端，TXD 为同步信号输出端。串行输入的波特率是 $f_{osc}/12$。当接收完 8 位数据后，由硬件将 RI 标志置位。当再次接收时，由软件将 RI 标志清零。

2. 方式 1

当 SM=0、SM1=1 时，串行口工作于方式 1。方式 1 是波特率可变的 8 位异步通信方式，由 TXD 发送，RXD 接收。一帧数据是 10 位，1 位起始位是低电平，8 位数据位是低位在前，1 位停止位是高电平。方式 1 的帧格式如图 7-9 所示。

图 7-9　方式 1 帧格式

（1）发送数据。CPU 执行一条串行数据缓冲寄存器 SBUF 指令，启动串行口发送，在串行口由硬件自动加入起始位和停止位，构成一个完整的帧格式。在每个移位脉冲的作用下，由 TXD 端串行输出。输出移位寄存器右移一位，左边移入 0。在数据最高位移到输出位时，原写入的第 9 位 1 的左边全是 0，检测电路检测到这一条件后，使控制电路作最后一次移位，一帧数据发送完毕，T 将串行控制寄存器 SCON 中的 TI 置 1，表示一帧数据发送完毕。

（2）接收数据。接收数据时，串行控制寄存器 SCON 中的 REN 位应处于允许接收状态，即 REN=1。在这个状态下，接收器以所选波特率的 16 倍速率对 RXD 端电平进行采样，当检测到一个负跳变（由"1"至"0"）时，就认定为已接收到起始位。接着在移位脉冲的控制下，把接收到的数据位移入接收寄存器中。接收控制寄存器把一位传送时间 16 等分采样 RXD，以其中 7、8、9 三次采样中至少两次相同的值为接收值，这样做可以提高可靠性。接收的数据从移位寄存器右边进入，已装入的数据逐位由左边移出。直到停止位来之后把停止位送入 RB8 中，并置位中断标志位 RI，表示可以从 SBUF 取走接收到的一个字符。

（3）波特率。方式 1 的波特率是可变的，其由定时器/计数器 T1 的计数溢出率来决定，其公式是：波特率=2^{SMOD}×（T1 溢出率）/32。式中 SMOD 是 PCON 寄存器中最高位值，SMOD=1，表示波特率倍增。当定时器/计数器 T1 用做波特率发生器时，通常选用定时初值自动重装的定时器/计数器工作方式 2，使波特率更加稳定。若时钟频率是 f_{osc}，定时器/计数器初值是 T1 初值，则波特率是：

$$波特率=\frac{2^{SMOD}}{32}\times\frac{f_{osc}}{12(256-T1初值)}$$

在实际应用中，都是先确定波特率，再根据波特率求 T1 定时值，因此上式可写成：

$$T1 初值=256-f_{osc}/（波特率\times12\times32/2^{SMOD}）$$

3. 方式 2 和方式 3

当 SM=1、SM1=0 时，串行口工作于方式 2。当 SM=1、SM1=1 时，串行口工作于方式
3。这两种方式适用于多机通信，区别只是它们的波特率不同。在方式 2 和方式 3 下，数据
由 TXD 发送，RXD 接收。都是一帧数据由 11 位组成，1 位起始位，8 位数据，1 位可编程
控制的第 9 位数据（TB8/RB8）和 1 位停止位，其帧格式如图 7-10 所示。

图 7-10　方式 2 和方式 3 的帧格式

（1）发送数据。当单片机执行一条写入发送缓冲器 SBUF 指令后，便立即开始发送。
发送的数据由 TXD 端输出，第 9 位数据为 SCON 中的 TB8。发送完一帧信息时，中断标志
TI 被置位。在发送下一帧信息之前，TI 需要由软件清零。

（2）接收数据。REN=1 时，允许接收数据。接收器开始检测 RXD 引脚上的信号，检测
和接收数据的方式与方式 1 相似。当接收器接收到第 9 位数据后，如果同时满足两个条
件，即 RI=0 和接收到的第 9 位数据等于 1 时，则接收数据有效，其中 8 位数据进入
SBUF，第 9 位数据进入 RB8，并由硬件将 RI 置位。然后又开始检测 RXD 端负跳变，如果
不满足前面的两个条件，则接收的这一帧数据将丢失，重新开始检测起始位。

（3）波特率。方式 2 的波特率是固定的，有两种，即 $f_{osc}/32$ 和 $f_{osc}/64$，其公式是：

$$波特率=2^{SMOD}\times f_{osc}/64$$

方式 3 的波特率与方式 1 相同，即通过设置 TI 的初值来设定波特率。

（4）利用单片机的方式 2 和方式 3 可以实现多机通信。多机通信中有一台主机和多台
从机，主机与各从机之间可以进行通信，从机与从机之间不能进行通信。实现规则如下：
所有从机的 SM2 位置 1，处于只接收地址帧的状态；主机发送一帧地址信息，其中包含 8
位地址，第 9 位为 1，以表示发送的是地址；从机接收到地址帧后，各自将接收到的地址与
其本身地址相比较；被寻址的从机，清除其 SM2，未被寻址的其他从机仍维持 SM2=1 不
变；主机发送数据或控制信息（第 9 位为 0）。对于已被寻址的从机，因 SM2=0，故可以接
收主机发送过来的信息。而对于其他从机，因 SM2 维持为 1，对主机发来的数据帧将不予
理睬，直至发来新的地址帧；当主机改为与其他从机联系时，可再发出地址帧寻址其从
机；而先前被寻址过的从机在分析出主机是对其他从机寻址时，恢复其 SM2=1，对随后主
机发来的数据帧不加理睬。

4. 串行口 4 种工作方式的比较

串行口的 4 种工作主要区别在于帧格式和波特率两方面，如表 7-6 所示。

表 7-6　串行口 4 种工作方式比较

工作方式	帧 格 式	波 特 率
方式 0	8 位数据都是数据位，无起始位和停止位	固定，每个机器周期传送一位数据
方式 1	10 位，1 位起始位，8 位数据位，1 位停止位	不固定，由 TI 溢出率和 SMOD 决定
方式 2	11 位，1 位起始位，9 位数据位，1 位停止位	固定，$2^{SMOD} \times f_{osc}/64$
方式 3	11 位，1 位起始位，9 位数据位，1 位停止位	不固定，由 TI 溢出率和 SMOD 决定

注意，当串行口工作于方式 1 或方式 3 时，且波特率要求按规范取 1 200、2 400、4 800 等，若使用 12 MHz 和 16 MHz 的，按公式计算得出的 TI 定时初值将不是一个整数，其产生波特率的误差会影响串行通信的同步性能。只有调整单片机的时钟频率 f_{osc} 才可以，通常使用 11.059 2 MHz 晶振。串行口工作方式 1 和方式 3 常用的波特率其产生条件如表 7-7 所示。

表 7-7　常用波特率及其产生条件

串口工作方式	波特率（bit/s）	f_{osc}（MHz）	SMOD	T1 方式 2 的初值
方式 1 或方式 3	1 200	11.059 2	0	E8H
方式 1 或方式 3	2 400	11.059 2	0	F4H
方式 1 或方式 3	4 800	11.059 2	0	FAH
方式 1 或方式 3	9 600	11.059 2	0	FDH
方式 1 或方式 3	19 200	11.059 2	1	FDH
方式 1 或方式 3	62 500	12	1	FFH
方式 0	1 M	12	×	×
方式 2	375 K	12	1	×

7.3　MCS-51 单片机多机通信

进行双机通信时，两个单片机是平等的，但是在多机通信中，有主机和从机之分，多机通信是指一台主机和多台从机之间的通信。

7.3.1　多机通信电路连接

在多机进行通信时，主机发送的信息可以传送到各个从机上，但是各个从机发送的信息只能被主机所接收，其中的关键问题就是怎么识别地址和怎样保持主机与相对应从机之间的通信。

在串行方式 2 或方式 3 下，可以实现一台主机与多台从机之间的通信，其连接电路如图 7-11 所示。

图 7-11　多机通信电路连接图

7.3.2　多机通信连接原理

多机通信时，主机向从机发送的信息分为地址帧和数据帧两种数据。将第 9 位可编程 TB8 位作区分标志，当 TB8=0 时，表示数据帧；当 TB8=1 时，表示地址帧。

多机通信利用了 MCS-51 单片机串行控制寄存器 SCON 中的通信控制位 SM2 的特性。当主机 SM2=1，CPU 接收的前 8 位数据是否送入 SBUF 取决于接收的第 9 位 RB8（RB8=1，将接收到的前 8 位数据送入 SBUF，并置位 RI 产生中断请求；RB8=0，将接收到的前 8 位数据丢弃）。当从机 SM2=1 时，从机只能接收主机发送的地址帧（RB8=1），对数据帧（RB8=0）不予接收；当从机 SM2=0 时，可以接收主机发送的所有信息。

通信开始时，主机先发送地址帧。由于各从机 SM2=1 且 RB8=1，所以各从机均分别发出串行接收中断请求，通过串行中断服务程序来判断主机发送的地址帧与从机地址是否相符。如果相符，则将自身 SM2 清零，即准备接收其后传来的数据帧。其余从机由于地址不符，则仍然保持 SM2=1 状态，所以不能接收主机传来的数据帧。这是多机通信时主机与从机一对一通信的情况。通信只能在主从机之间进行，如果要实现两个从机之间的通信，需要通过主机作为中介才能够实现。

7.3.3　多机通信过程及协议

1．多机通信过程

（1）各从机在初始化时置 SM2=1，都只能接收主机发送的地址帧（RB8=1）。

（2）主机发送地址帧（TB8=1），指出接收从机的地址。

（3）各从机接收到主机发送的地址帧后，与自身地址比较，相同则置 SM2=0，不同则保持 SM2=1。

（4）主机发送数据帧（TB8=0），由于指定从机的 SM2=0，可以接收主机发送的数据帧，但其余从机仍置 SM2=1，对主机发送的数据帧不接收。

（5）被寻址的从机与主机通信完毕，重新置 SM2=1，恢复初始状态。

2．多机通信协议

从机通信协议是一个比较复杂的通信过程，必须有通信协议来保证多机通信的可操作性和操作秩序。这些通信协议，除了设定相同的波特率和帧格式外，还应该包括从机地址、主机控制命令、从机状态字格式和数据通信格式的约定，在此不作详细说明。

项目小结

本项目叙述了 MCS-51 系列单片机串行口结构、MCS-51 单片机 4 种工作方式及波特率的设置、RS-232C 通信协议等内容，练习了 C 语言结构化设计方法。主要内容包括：

1．串行通信方式：串行通信按同步方式可分为异步通信和同步通信。异步通信方式不要求接收端时钟和发送端时钟同步。发送端发送完一个字符帧后，可经过任意长的时间间隔再发送下一个。同步通信时接收端和发送端必须先建立同步（即双方的时钟要调整到同一个频率），才能进行数据的传输。

2. 串行通信的制式。串行通信按照数据传送方向可分为 3 种制式。单工制式是指主机与从机通信时只能单向传送数据。半双工制式是指通信双方都可以传送和接收数据，但不能同时接收和发送，即发送时不能接收，接收时不能发送。全双工制式是指通信双方都可以接收和发送数据，且发送和接收也可以同时进行。

3. 串行通信波特率。波特率即调制速度，是指信号被调制以后在单位时间内的变化，即单位时间内载波参数变化的次数。它是对符号传输速率的一种度量。

4. RS-232C 串行通信协议。是目前使用最多的一种异步串行通信总线标准。RS-232C 定义了数据终端设备（DTE）和数据通信设备（DCE）之间的物理接口规范，采用标准接口后，能够方便地把单片机、外设以及测量仪器等有机地连接起来构成一个测控系统。RS-232C 串行通信协议适合于短距离或带调制解调器的通信场合。

5. MCS-51 串行接口。MCS-51 单片机串行接口是一个可编程的全双工串行通信接口，通过引脚 RXD（P3.0）和引脚 TXD（P3.1）与外界通信。输入移位寄存器，用于将从外设输入的串行数据转换为并行数据。SCON 串行控制寄存器，SCON 是用于定义串行口的工作方式及实施接收和发送控制。定时器 T1，用于产生接收和发送数据所需的移位脉冲。

6. 串行口控制寄存器。MCS-51 有关串行通信的特殊功能寄存器有 3 个，即串行数据缓冲器 SBUF、串行控制寄存器 SCON、电源控制寄存器 PCON。串行数据缓冲器 SBUF，MCS-51 系列单片机串行中有两个串行数据缓冲器，一个用于发送数据即发送寄存器，另一个用于接收数据即接收寄存器，可以同时用来发送和接收数据；串行口控制寄存器 SCON，SCON 用于控制串行口的工作方式，同时还发送和接收第 9 位数据及串行口中断标志位；电源控制寄存器 PCON，PCON 主要是为 CMOS 型单片机电源控制而设置的专用寄存器。

7. 串行口工作方式。MCS-51 串行通信共有 4 种工作方式，由串行控制寄存器 SCON 中的 SM0、SM1 决定，即方式 0、方式 1、方式 2 和方式 3。串行口的 4 种工作主要区别在于帧格式和波特率两方面。

8. MCS-51 单片机多机通信。多机通信电路连接与通信原理和通信过程，利用了 MCS-51 单片机串行控制寄存器 SCON 中的通信控制位 SM2 的特性。

习题 7

一、选择题

1. 异步通信的数据格式由起始位、数据位、奇偶校验位和停止位组成，帧与帧之间可以有（　　）。

    A．起始位　　　　　B．数据位　　　　　C．奇偶校验位　　　　D．空闲位

2. 同步通信方式以多个字符组成的数据位为传输单位，连续地传送数据，（　　）作为起始位以触发同步时钟开始发送或接收数据。

    A．起始字符　　　　B．同步字符　　　　C．停止字符　　　　D．通信字符

3. MCS-51 系列单片机串行中有两个串行数据缓冲器，两个缓冲器使用同一符号 SBUF，共用一个地址（　　），根据读、写指令来确定访问其中哪一个。

    A．98H　　　　　　B．99H　　　　　　C．97H　　　　　　D．96H

4．SCON 用于控制串行口的工作方式，同时还发送和接收第（　　）位数据及串行口中断标志位。

A．6　　　　　　　　B．7　　　　　　　　C．8　　　　　　　　D．9

5．（　　）是串行口工作方式选择位，由软件设定。

A．TB8　　　　　　　B．SM1、SM2　　　C．SM0、SM1　　　D．RI

6．（　　）是多机通信控制位，由软件设定，用于方式 2 或方式 3 多机通信。

A．SM3　　　　　　　B．SM0　　　　　　C．SM1　　　　　　D．SM2

7．当 SM=（　　）、SM1=（　　）时，串行口工作于方式 2。

A．0、0　　　　　　　B．0、1　　　　　　C．1、0　　　　　　D．1、1

8．当 SM=（　　）、SM1=（　　）时，串行口工作于方式 3。

A．0、0　　　　　　　B．0、1　　　　　　C．1、0　　　　　　D．1、1

9．多机通信时，各从机在初始化时置（　　），都只能接收主机发送的地址帧。

A．SM1=1　　　　　　B．SM1=0　　　　　C．SM2=1　　　　　D．SM2=0

10．多机通信时，被寻址的从机与主机通信完毕，重新置（　　），恢复初始状态。

A．SM1=1　　　　　　B．SM1=0　　　　　C．SM2=1　　　　　D．SM2=0

二、填空题

1．计算机与外界的信息交换称为通信。通信的基本方式有两种，分别是_____和_____。

2．异步通信方式不要求_____时钟和_____时钟同步。发送端发送完一个字符帧后，可经过_____时间间隔再发送下一个。

3．同步通信时_____和_____必须先建立同步（即双方的时钟要调整到同一个频率），才能进行数据的传输。

4．串行通信按照数据传送方向可分为 3 种制式，_____、_____、_____。

5．在电子通信领域，波特率即调制速度，是指信号被调制以后在单位时间内的_____，即单位时间内载波参数变化的_____。

6．RS-232C 由美国电子工业协会（EIA）制定，是目前使用最多的一种_____通信总线标准。

7．MCS-51 单片机串行接口是一个可编程的全双工串行通信接口，通过引脚_____和引脚_____与外界通信。

8．MCS-51 有关串行通信的特殊功能寄存器有 3 个，即_____、_____、_____。

9．MCS-51 串行通信 P3.0 有 4 种工作方式，由串行控制寄存器 SCON 中的_____、_____决定，即_____、_____、_____和_____。

10．进行双机通信时，两个单片机是平等的，但是在多机通信中，有_____和_____之分，多机通信是指一台_____和多台_____之间的通信。

三、论述题

1．串行通信与并行通信有何异同？

2．描述异步串行通信方式中的帧格式。

3．什么是波特率，定时器 T1 用做波特率发生器时，为何选用方式 2？

4．串行口控制寄存器 SCON 中，试解释位 SM2 的作用。

5．方式 2 中串行口波特率是如何确定的？

项目 8

单片机应用系统设计

教学引导

本项目综合运用单片机和相关的外围器件搭建电路,应用 C 语言结构化程序设计思维进行程序的修改及调试,完成产品的设计与制作,包括可中断控制彩灯控制器、点阵 LED 显示仪、简易秒表、温度检测仪和直流电动机控制器等 5 个任务。

任务 8-1　可中断控制彩灯控制器

知识重点	1. 单片机最小系统 2. 并行输入/输出(I/O)端口的结构和功能 3. P0、P1、P2、P3 口的操作方法 4. 发光二极管的应用 5. 各种元器件选取、检测及焊接方法
知识难点	1. 发光二极管的发光原理 2. 单片机中断程序的编写 3. 单片机控制产品开发制作流程
建议学时	20 学时
教学方式	从具体任务入手,通过彩灯控制器系统设计与仿真,先利用 Keil C51 软件进行软件编程,再通过 Proteus 绘制硬件电路图,然后进行软硬件联合调试,完善程序和电路图。最后进行元器件实物的选取与检测、系统的硬件焊接与制作、软件程序的烧录、软硬件联合调试和产品的制作
学习方法	讨论法、动手实操法、演示法

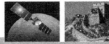

随着人们生活环境的不断改善和美化，在许多场合可以看到彩色的霓虹灯，尤其是行走在夜晚的街道上，色彩斑斓不断变换的彩色霓虹灯广告牌吸引着很多人的目光。

1. 任务分析

可中断控制彩灯控制器是由 8 盏 LED 指示灯组成，主要功能如下：通电时，第 1 盏灯先亮，然后熄灭，之后第 2 盏灯亮，再灭，按此方式直到第 8 盏灯，如此循环进行，实现 8 路彩灯的流水闪烁。当发生中断时，系统将终止当前的闪烁方式转到中断闪烁方式中，中断闪烁完成后再继续执行原来的闪烁程序。这里采用两个外部中断，外部中断 0 的闪烁方式为：8 只彩灯先亮后灭，循环 3 次；外部中断 1 的闪烁方式为：首先低 4 位彩灯亮，高 4 位彩灯灭，之后高 4 位彩灯亮低 4 位彩灯灭，如此循环 3 次。在中断应用程序执行过程中，如果发生同级别的中断，系统将继续执行当前的中断，当该中断程序执行完成后再转向其他中断，其他中断执行完毕再返回主程序。

2. 电路设计

LED 灯实际是一个发光二极管，在二极管两端加一个电压并流过一定的电流，二极管就会发光，实现 LED 灯亮起来的效果，为此 8 个 LED 灯连接的基本思路便是 LED 灯正端接 5V 的电源电压，LED 灯的负端接单片机输出引脚。当引脚输出为低电平时，LED 灯就点亮。为了使流过 LED 灯的电流不致太大而烧坏 LED 灯和烧坏单片机，需要在电源和 LED 灯之间串入一个限流电阻。可中断控制彩灯控制器硬件电路图如图 8-1 所示。同时增加两个按键作为外部中断的申请源，当引脚为低电平时，申请中断。可中断控制彩灯控制器系统元器件清单如表 8-1 所示。

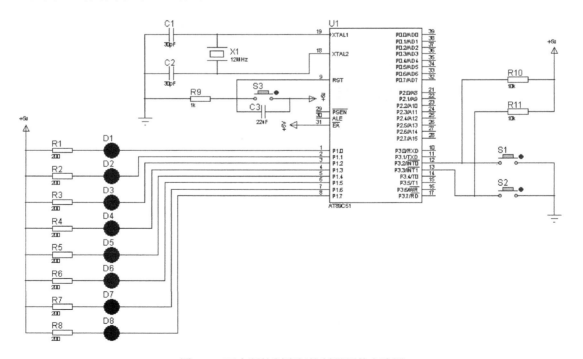

图 8-1　可中断控制彩灯控制器硬件电路图

表 8-1　可中断控制彩灯控制器元器件清单

序号	元器件名称	型号/参数	数量
1	单片机	AT89C51	1
2	IC 插座	DIP40	1
3	晶体振荡器	12 MHz	1
4	瓷片电容	30 pF	2
5	电解电容	22 μF	1
6	弹性按键	4 脚	3
7	电阻	1 kΩ	1
8	电阻	10 kΩ	2
9	电阻	200 Ω	8
10	发光二极管	红色	8
11	万用板	10 cm×10 cm	1

3. 软件程序设计

软件清单如下：

```c
#include <reg51.h>
unsigned char aa;
//函数名：delay0_5s
/*函数功能：用 T0 的方式 1 编制 0.5 s 延时程序，假定系统采用 12 MHz 晶振
定时器 1、工作方式 1 定时 50 ms，再循环 10 次即可定时到 0.5 s */
//形式参数：无
//返回值：无
void delay0_5s()
{
  unsigned char  i;
  for(i=0;i<0x0a;i++)          //设置 10 次循环次数
  {
    TH0=0x3c;                  //设置定时器初值
    TL0=0xb0;
    TR0=1;                     //启动 T0
    while(!TF0);               //查询计数是否溢出，即定时 50 ms 时间到，TF0=0
    TF0=0;                     //50 ms 定时时间到，将定时器溢出标志位 TF0 清零
  }
}
//函数名：delay_t
//函数功能：实现 0.5～128 s 延时
//形式参数：unsigned char t;
//延时时间为 0.5 s×t
//返回值：无
void delay_t(unsigned char t)
{
```

```
    unsigned char i;
    for(i=0;i<t;i++)delay0_5s();
}
//函数名：int_0
/*函数功能：外部中断0中断函数，当CPU响应外部中断0的中断请求时，自动执行该函数，实现
8个信号灯闪烁 */
//形式参数：无
//返回值：无
void int_0() interrupt 0      //外部中断0的中断号为0
{
    for(aa=0;aa<3;aa++)
{
    P1=0x00;                  //熄灭8个信号灯
    delay0_5s();              //调用0.5 s延时函数
    P1=0xff;                  //点亮8个信号灯
    delay0_5s();              //调用0.5 s延时函数
}
}
//函数名：int_1
void int_1() interrupt 2      //外部中断1的中断号为2
{
    for(aa=0;aa<3;aa++)
{
    P1=0xf0;
    delay0_5s();
    P1=0x0f;
    delay0_5s();
}
}
void main()                   //主函数
{
    unsigned char i,w;
    EA=1;                     //打开中断总允许位
    EX0=1;                    //打开外部中断0允许位
    IT0=1;                    //设置外部中断为边沿（下降沿）触发方式
    EX1=1;                    //打开外部中断1允许位
    IT1=1;
    TMOD=0x01;                //设置T0为工作方式1
    while(1) {
        w=0x01;               //显示码初值为01H
        for(i=0;i<8;i++)
        {
            P1=~w;            //w取反后送P1口，点亮相应LED灯
            w<<=1;            //点亮灯的位置移动
            delay_t(2);       //调用延时函数delay_t()，实际参数为2，延时1 s
        }
```

```
    }
}
```

4. 仿真结果

将 Keil 软件编译生成的十六进制文件加载到单片机芯片中。单击"运行"按钮，启动系统仿真，仿真结果如图 8-2 所示，观察到发光二极管轮流闪烁。当按下弹性按键 S1 时，8 个发光二极管同时闪烁 3 次，之后再继续原来的闪烁过程；当按下弹性按键 S2 时，高 4 位发光二极管和低 4 位发光二极管交替闪烁 3 次，之后再继续原来主程序的闪烁过程；如果按下弹性按键 S1 然后接着按下弹性按键 S2，观察到 8 个发光二极管同时闪烁 3 次，然后高 4 位发光二极管和低 4 位发光二极管交替闪烁 3 次，之后再继续原来主程序的闪烁过程；如果按下弹性按键 S2 然后接着按下弹性按键 S1，观察到高 4 位发光二极管和低 4 位发光二极管交替闪烁 3 次，然后 8 个发光二极管同时闪烁 3 次，之后再继续原来主程序的闪烁过程。

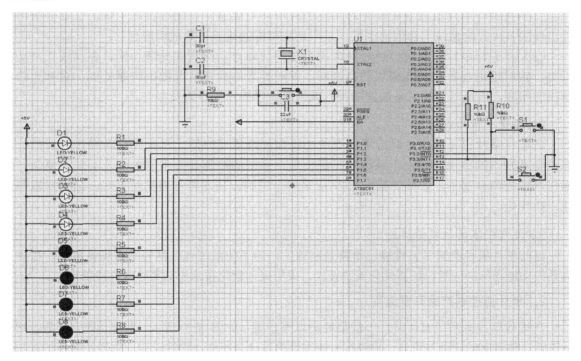

图 8-2 彩灯控制器仿真结果

5. 任务小结

本任务通过用 51 单片机控制发光二极管闪烁的制作过程，让学习者对单片机、单片机最小系统和单片机中断系统有更深的了解和直观的认识。

相关知识

8.1 单片机控制产品开发流程

1. 系统开发的基本要求

1）要有较高的可靠性

单片机系统在满足使用功能的前提下，还要具有较高的可靠性。这是因为单片机系统通常是系统的最前端，完成的任务是系统前端信号的采集和控制输出，一旦系统出现故障，必将造成整个生产过程的混乱和失控，从而产生严重的后果。因此，可靠性对单片机系统设计的整个过程来说是至关重要的。

在进行单片机系统的设计过程中，必须注意以下两点：

（1）在进行单片机系统设计时对系统的应用环境要进行全面细致地了解，认真分析可能出现的各种影响系统可靠性的因素，采用切实可行的措施排除故障隐患。

（2）在进行单片机系统设计时应考虑系统的故障自动检测和处理功能。在系统正常运行时，定时地进行各个功能模块的自诊断，并对外界的异常情况做出快速处理。对于无法解决的问题，应及时切换后备装置的投入或报警，以提示操作人员参与。

2）要便于操作和维修

在进行单片机系统设计时应考虑系统的操作和维修要方便，尽量降低对操作人员的计算机专业知识的要求，以便于系统的广泛使用。系统的控制开关不能太多，不能太复杂，操作顺序应简单明了，参数的输入/输出应采用十进制，功能符号要简明直观，结构要规范化、模块化。

3）要有较高的性能价格比

目前单片机种类繁多，性能、价格差别较大，为了使系统具有良好的市场竞争力，在提高系统功能指标的同时，还要优化系统设计，采用硬件软化技术提高系统的性能价格比。

2. 单片机控制产品开发流程

在进行单片机系统设计时，一般要经历以下步骤，如图 8-3 所示。首先是确定任务，然后进行总体方案的论证与设计，再进行系统硬件的设计与制作，软件设计，软硬件联合仿真与调试，最后进行系统脱机运行。

1）确定任务

在进行单片机系统设计之前，首先要进行广泛的市场调查，进而了解系统的市场应用情况，分析系统当前存在的问题，研究系统的市场发展前景，确定系统设计开发的目标。在确定了系统目标的基础上，就应该对系统的具体实现进行分析，包括应采集信号的种类、数量、范围；输出信号的匹配和转换、控制算法的选择、技术指标的确定等。

2）总体方案的论证与设计

确定任务后，一般需要对构成产品的总体方案进行一定的选择和论证，它通常包括确定产品的性能指标、选择单片机的机型和划分硬件、软件功能三个方面。

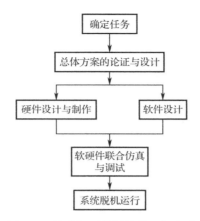

图 8-3　单片机系统设计的一般步骤

3）硬件设计与制作

单片机系统的硬件设计是指根据系统总体设计要求，在选择完单片机机型的基础上，具体确定系统中所要使用的元件，并设计出系统的电路原理图，绘制印制电路板（PCB）以及完成元器件的焊接与测试。主要硬件设计包括：单片机主电路设计，主要完成时钟电路、复位电路、供电电路等的设计；扩展电路设计，主要完成程序存储器、数据存储器、I/O 接口电路的设计；输入/输出通道设计，主要完成传感器电路、放大电路、多路开关、A/D 转换电路、D/A 转换电路、开关量接口电路、驱动及执行机构的设计；控制面板设计，主要完成按键、开关、显示器、报警等电路的设计。

4）软件设计

在单片机系统的设计过程中，软件设计非常重要。单片机系统的软件通常应包括数据采集和处理程序、控制算法实现程序、人机联系程序、数据管理程序等。

软件设计的任务主要包括编程语言的选择、软件任务的划分、应用程序的编制等。

（1）编程语言的选择。单片机的编程语言不仅有汇编语言，还有一些高级语言，常用的高级语言有 C 语言、BASIC 语言等。编制软件到底用哪种语言，要视具体情况而定。采用汇编语言，具有占用内存空间小，实时性强等特点，不足之处在于编程麻烦，可读性差，修改不方便。因此，汇编语言往往用在系统实时性要求较高且运算不太复杂的场合。C 语言等高级语言具有丰富的库函数，编程简单，能使开发周期大大缩短，程序可读性强，便于修改。对于运算复杂的系统软件，一般采用汇编、高级语言混合编程，这样既能完成复杂运算问题，又能解决局部实时性问题。

（2）软件任务的划分。一般的软件设计都采用模块化程序设计，即把一个完整的程序划分成若干个功能相对独立的程序模块，再根据各模块的时间顺序和相互关系，将它们连接在一起设计出软件的总体框图。模块化设计的优点是每个模块可以单独设计，也可利用原有的成熟程序，这样既便于软件调试、链接，又便于移植和修改。

完成了硬件原理图设计后，系统硬件资源就基本确定了。在软件总体框图完成后，还要将这些硬件资源进行合理分配，这包括片内片外程序存储器和数据存储器的存储空间、

I/O 口、定时器/计数器和中断源的功能等。

（3）应用程序的编制。应用程序的编制要完成确定算法（建立数学模型）、绘制程序流程图、编写程序等步骤。

5）软硬件联合仿真与调试

程序编写完成并翻译为机器码后，还要进行程序调试。对于单片机应用系统而言，大多数的程序模块的运行都依赖于硬件，没有相应的硬件支持，软件的功能将荡然无存。因此，要在硬件系统测试合格后，将试验样机（应用系统）、开发系统（仿真器）和 PC 连接在一起，构成联机调试状态，完成大多数软件模块的调试。

6）系统脱机运行

系统软件在线仿真调试成功后，可利用程序写入器将程序固化到 EPROM 中，然后插上单片机芯片，将应用系统脱离仿真器进行上电运行检查。由于单片机实际运行环境和仿真调试环境的差异，即使仿真调试成功，脱机运行时也可能出错。这时应进行全面检查，针对出现的问题，修改硬件、软件或总体设计方案，直至系统运行正常为止。

8.2 焊接技术

在电子工程实践中，焊接技术是很重要的。元件安装主要是靠焊锡，它不仅能固定元件，而且能保证可靠的电路连通。焊接质量的好坏，将直接影响电子产品的质量。焊接不好，会使元件损坏或电路不通，或者引起接触不良，以及焊点脱落和虚焊等。所以焊接是一个重要的环节，但看起来简单容易。对于学生真动手焊接时，常会涉及诸多问题，要焊出高质量的焊点，实际上并不那么容易。

1. 选用焊剂

焊剂种类很多，常用的有焊锡膏、松香焊锡丝。焊锡膏用起来方便，但使用后常有部分残留液在焊点附近，不仅容易沾染尘污，而且含酸性，对元件有一定的腐蚀作用。所以，除一些特殊情况外，也不宜用于焊接电子元件。焊接电子电路元件最合适的焊剂是松香或松香酒精溶剂。因松香是中性物质，对元件无腐蚀作用。需要注意的是，焊接时松香和焊锡应该同时加到焊点上去。现在普遍使用市售的一种松香焊锡丝（焊锡丝是空心的，空心处灌满松香），使用方便，效果好。

2. 元件引脚的清洁

一般情况下出厂的元器件引脚均镀有一层薄的焊料，但时间一长，电子元件的金属引脚表面会产生一层氧化膜，氧化膜导电性很差，对锡分子的吸力不强，因此焊接前要把焊接处的金属引脚表面用橡皮擦打磨光洁。除少数有镀银或镀金层的金属引脚外，对被焊接的元器件引脚都要进行打磨，然后给元件引脚搪上一层薄而均匀的焊锡。有的人常用刀片去刮引脚上的氧化膜，这是不合理的，因为电子元件的引脚出厂时都经过表面处理，目的是使元件引脚容易焊接。若刀片刮去元件引脚的表面层露出引脚的基本材料更不容易焊接牢固。只有经过清洁、搪锡处理后的电子元件引脚，焊接之后才不会出现"虚焊"。

3. 使用电烙铁

电烙铁是手工施焊的主要工具，选择合适的电烙铁是保证焊接质量的基础，焊接一般的电子元器件常用（20～30 W）的内热式电烙铁。新买的电烙铁，使用之前要"上锡"，方法是观察烙铁头是否被氧化，被氧化的烙铁头不易上锡，此时用刀片或用挫刀清理氧化层，然后接上电源，待烙铁温度一旦高过焊锡丝熔点时，再用它去蘸松香焊锡丝，烙铁头表面就会附上一层光亮的锡，烙铁就能使用了。没有上过锡的烙铁头，焊接时不会吃锡，难以进行焊接。

烙铁头使用时间长了或烙铁头温度过高，烙铁头会氧化，造成烙铁"烧死"，而蘸不上焊锡，也难于焊接元件到印制电路板上。

烙铁头应保持清洁，不清洁的局部区域也蘸不上焊锡，还会很快氧化，日久之后常造成烙铁头被腐蚀的坑点，使焊接工作更加困难。烙铁头长时间处于待焊状态，温度过高，也会造成烙铁头"烧死"，所以焊接时一定要做好充分准备，尽量缩短烙铁的工作时间，一旦不焊接立刻拔出烙铁电源。

4. 焊接元件

焊接元件时应选用低熔点松香焊锡。焊接时除烙铁头的温度适当外，被焊元件和烙铁的接触时间也要适当，时间短也会造成虚焊，时间太长也会烫坏元器件。一般的元件焊接时间为 2～3 s 即可。焊点处焊锡未冷却到凝固前，切勿摇动元件的焊头，否则会造成虚焊，焊接元器件过程中切忌烙铁头移动和压焊，这无助于焊接工作，还会影响焊点的质量。需要注意，对特殊器件的焊接应按元件要求进行。如有的 CMOS 器件要求烙铁不带电工作，或烙铁金属外壳加接地线。

综上所述，焊接技术可以归纳为下列流程：

施焊准备：焊接前的准备包括焊接部位的清洁处理、元器件安装、焊料和工具的准备。

加热焊接：烙铁头加热焊接部位，使连接点的温度加热到焊接需要的温度，加热时烙铁头和连接点要有一定的接触压力，并要注意加热整个焊接部位。

送入焊料：当加热到一定温度后，即可在烙铁头和焊接点的结合部位加上适当的焊料。焊料融化后，用烙铁头将焊料移动一个距离，以保证焊料覆盖整个焊接部位。

冷却焊点：当焊料和烙铁头离开连接点（焊点）后，焊点要自然冷却，严禁用嘴吹或其他强制冷却的方法。注意在焊料凝固过程中不受到任何外力的影响而改变元件位置。

清洁焊面：首先检查有无漏焊、错焊、虚焊和假焊。对残留点周围的焊剂、油污和灰尘进行清洁。

8.3　各种元器件的焊接方法

1. 电阻器焊接

将电阻器准确装入规定位置。要求标记向上，字向一致。装完同一种规格后再装另一种规格，尽量使电阻器的高低一致。焊完后将露在印制电路板表面多余引脚剪去。

2. 电容器焊接

将电容器装入规定位置，并注意有极性电容器其"+"极与"–"极不能接错，电容器上的标记方向要易看可见。先装玻璃釉电容器、有机介质电容器、瓷介电容器，最后装电解电容器。

3. 二极管的焊接

二极管焊接要注意以下几点：第一，注意阳极阴极的极性，不能装错；第二，型号标记要易看可见；第三，焊接立式二极管时，对最短引线焊接时间不能超过 2 s。

4. 三极管焊接

注意 e、b、c 三引线位置插接正确；焊接时间尽可能短，焊接时用镊子夹住引线脚，以利散热。焊接大功率三极管时，若需加装散热片，应将接触面平整、打磨光滑后再紧固，若要求加垫绝缘薄膜时，切勿忘记加薄膜。引脚与电路板上需连接时，要用塑料导线。

5. 集成电路焊接

首先检查型号、引脚位置是否符合要求。焊接时先焊边沿的两只引脚，以使其定位，然后再从左到右自上而下逐个焊接。对于电容器、二极管、三极管露在印制电路板面上多余引脚均需剪去。

6. 焊接顺序

元器件装焊顺序依次为电阻器、电容器、二极管、三极管、集成电路、大功率管，其他元器件为先小后大。

任务 8-2　点阵 LED 显示仪

知识重点	1. LED 大屏幕显示器和接口 2. 74HC154 译码器的结构和原理 3. 7404 六反相器的结构和原理
知识难点	1. LED 大屏幕显示器和接口 2. 单片机数组程序的编写
建议学时	20 学时
教学方式	从具体任务入手，通过点阵 LED 显示仪系统设计与仿真，先利用 Keil C51 软件进行软件编程，再通过 Proteus 绘制硬件电路图，然后进行软硬件联合调试，完善程序和电路图。最后进行元器件实物的选取与检测、系统的硬件焊接与制作、软件程序的烧录、软硬件联合调试和产品的制作
学习方法	讨论法、动手实操法、演示法

随着电子技术的发展，大规模点阵 LED 的应用越来越广泛，街头到处可见各式各样的大规模点阵 LED。

1. 任务分析

该任务利用 4 个 8×8 点阵设计一个 16×16 的点阵，并通过编写程序在上面循环显示汉字"长春职业技术学院"。

2. 电路设计

16×16 点阵汉字显示是基于 8×8 点阵汉字显示的改进项目，它们的显示原理是一样的。与 8×8 点阵汉字显示相比需要用到 4 块 8×8 点阵，有 16 根行线，16 根列线。显然，要把 4 块 8×8 点阵两两分组，如图 8-4 所示，左面两个点阵为一组，右面两个点阵为另一组，列线与列线相连接，即共列线，共 16 根列线；两组之间对应的行线相连接，共 16 根行线，然后把 2 组的行线、列线并排接出构成 16 根行线，16 根列线。行线由单片机的 P0、P2 口控制，列线由一块四—十六译码器 74HC154 控制，74HC154 由单片机的 P1、P3 口控制。单片机控制点阵 LED 显示硬件电路图如图 8-4 所示。系统电路元器件清单如表 8-2 所示。

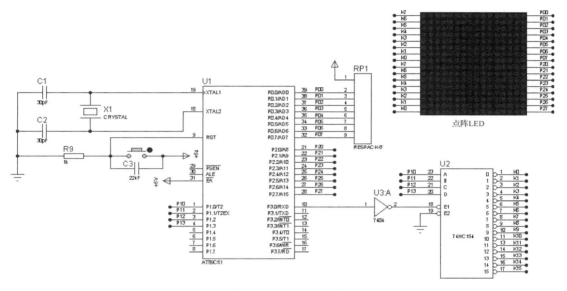

图 8-4　点阵 LED 显示仪硬件电路图

表 8-2　点阵 LED 显示仪元器件清单

序号	元器件名称	型号/参数	数量
1	单片机	AT89C51	1
2	IC 插座	DIP40	1
3	晶体振荡器	12 MHz	1
4	瓷片电容	30 pF	2
5	电解电容	22 μF	1
6	弹性按键	4 脚	1
7	电阻	1 kΩ	1
8	8×8 点阵 LED	红色	4
9	译码器	74HC154	1
10	六反相器	7404	1
11	排阻	10 kΩ	1
12	万用板	10 cm×10 cm	1

3. 软件程序设计

先在汉字提取软件中将汉字的点阵库提出，取第 1 行数据送 P0、P2 口。然后第一列有效，保持 5 ms。再关闭第 1 列，将第 2 行数据送 P0、P2 口。然后第 2 列有效，保持 5 ms。再关闭第 2 列，这样一直将所有列的数据显示后，再循环进行。

```c
#include <reg51.h>
char code table[]={
0x80,0x00,0x80,0x00,0x80,0x00,0x80,0x00,
0xFF,0xFF,0xA0,0x40,0xA0,0x21,0x90,0x12,
0x90,0x04,0x88,0x08,0x84,0x10,0x82,0x30,
0x80,0x60,0x80,0x20,0x80,0x00,0x00,0x00,/*"长"*/
0x40,0x04,0x40,0x04,0x44,0x02,0x54,0x02,
0x54,0x7F,0xD4,0x4A,0x74,0x4A,0x5F,0x4A,
0x54,0x4A,0x54,0x4A,0xD4,0x7E,0x54,0x01,
0x54,0x03,0x44,0x06,0x40,0x02,0x00,0x00,/*"春"*/
0x02,0x10,0x02,0x10,0xFE,0x0F,0x92,0x08,
0x92,0x08,0xFE,0xFF,0x02,0x04,0x00,0x44,
0xFE,0x21,0x82,0x1C,0x82,0x08,0x82,0x00,
0x82,0x04,0xFE,0x09,0x00,0x30,0x00,0x00,/*"职"*/
0x00,0x20,0x10,0x20,0x60,0x20,0x80,0x23,
0x00,0x21,0xFF,0x3F,0x00,0x20,0x00,0x20,
0x00,0x20,0xFF,0x3F,0x00,0x22,0x80,0x21,
0x60,0x20,0x38,0x30,0x10,0x20,0x00,0x00,/*"业"*/
0x08,0x01,0x08,0x41,0x88,0x80,0xFF,0x7F,
0x48,0x00,0x28,0x40,0x00,0x40,0xC8,0x20,
0x48,0x13,0x48,0x0C,0x7F,0x0C,0x48,0x12,
0xC8,0x21,0x48,0x60,0x08,0x20,0x00,0x00,/*"技"*/
0x10,0x10,0x10,0x10,0x10,0x08,0x10,0x04,
0x10,0x02,0x90,0x01,0x50,0x00,0xFF,0x7F,
0x50,0x00,0x90,0x00,0x12,0x01,0x14,0x06,
0x10,0x0C,0x10,0x18,0x10,0x08,0x00,0x00,/*"术"*/
0x40,0x00,0x30,0x02,0x10,0x02,0x12,0x02,
0x5C,0x02,0x54,0x02,0x50,0x42,0x51,0x82,
0x5E,0x7F,0xD4,0x02,0x50,0x02,0x18,0x02,
0x57,0x02,0x32,0x02,0x10,0x02,0x00,0x00,/*"学"*/
0xFE,0xFF,0x02,0x00,0x32,0x02,0x4A,0x04,
0x86,0x83,0x0C,0x41,0x24,0x31,0x24,0x0F,
0x25,0x01,0x26,0x01,0x24,0x7F,0x24,0x81,
0x24,0x81,0x0C,0x81,0x04,0xF1,0x00,0x00,/*"院"*/
};
void delay(int c)
    {
    int i,j;
    for(i=0;i<c;i++)
        for(j=0;j<10;j++);
    }
```

```
void main()
    {
    unsigned char i,j;          //i：每个字的显示循环；j：每个字的显示码除以2
    unsigned int b=0;           /*显示偏移控制，*/
    unsigned char a;            //控制移动间隔时间
while(1)
    {
    j=0;
    if(a>1)                     //移动间隔时间；取值 0～255
        {
        a=0;
        b+=2;
        if(b>=500)              //显示到最后一个字，回头显示，判断值=字数×32
            {
            b=0;
            }
        }
    P3=1;
    for(i=0;i<16;i++)
        {
        P1=i;
        P0=table[j+b];
        P2=table[j+b+1];
        delay(10);
        P0=0x00;
        P2=0x00;
        j+=2;
        }
    Delay(300);
    a++;
    }
}
```

4. 仿真结果

将 Keil 软件编译生成的十六进制文件加载到芯片中。单击"运行"按钮，启动系统仿真，仿真结果如图 8-5 所示。观察到"长春职业技术学院"从右到左不断循环显示。

5. 任务小结

本任务通过用 51 单片机控制 LED 点阵显示汉字的制作过程，让学习者了解了点阵 LED 显示器的结构、原理以及动态显示的基本原理和应用。加深了读者对单片机并行 I/O 端口和数组应用的能力，以及对动态显示工作原理的理解。

相关知识

8.4 译码器 74HC154

74HC154 是一款高速 CMOS 器件，74HC154 引脚兼容低功耗肖特基 TTL（LSTTL）系列。74HC154 译码器可接受 4 位高有效二进制地址输入，并提供 16 个互斥的低有效输出。74HC154 的两个输入使能门电路可用于译码器选通，以消除输出端上的通常译码"假信号"，也可用于译码器扩展。该使能门电路包含两个"逻辑与"输入，必须置为低以便使能输出端。任选一个使能输入端作为数据输入，74HC154 可充当一个 1～16 的多路分配器。当其余的使能输入端置低时，地址输出将会跟随应用的状态。

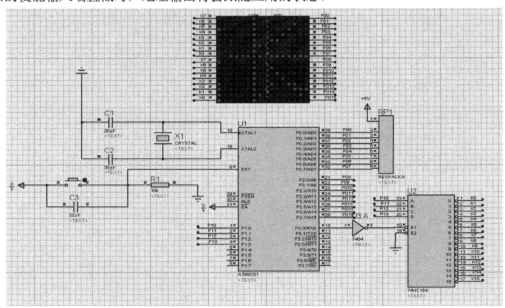

图 8-5　点阵 LED 显示仪仿真结果

1. 引脚说明

74HC154 芯片共 24 个引脚，如图 8-6 所示。功能如下：

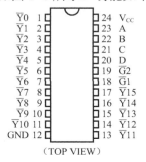

图 8-6　74HC154 引脚图

1～11、13～17：输出端，低有效（outputs (active LOW)）；

12：GND 电源地（ground (0V)）；

18～19：使能输入端、低电平有效（enable inputs (active LOW)）；

20～23：地址输入端（address inputs）；

24：VCC 电源正（positive supply voltage）。

2. 74HC154 真值表

74HC154 真值表如图 8-3 所示。

表 8-3　74HC154 真值表

输　　入						选定输出（L）
G1	G2	D	C	B	A	
L	L	L	L	L	L	Y0
L	L	L	L	L	H	Y1
L	L	L	L	H	L	Y2
L	L	L	L	H	H	Y3
L	L	L	H	L	L	Y4
L	L	L	H	L	H	Y5
L	L	L	H	H	L	Y6
L	L	L	H	H	H	Y7
L	L	H	L	L	L	Y8
L	L	H	L	L	H	Y9
L	L	H	L	H	L	Y10
L	L	H	L	H	H	Y11
L	L	H	H	L	L	Y12
L	L	H	H	L	H	Y13
L	L	H	H	H	L	Y14
L	L	H	H	H	H	Y15
X	H	X	X	X	X	NONE
H	X	X	X	X	X	NONE

注：H=高电平（HIGH voltage level）

　　　L=低电平（LOW voltage level）

　　　X=任意电平（don't care）

只要控制端 G1、G2 任意一个为高电平，A、B、C、D 任意电平输入都无效。G1、G2 必须都为低电平才能操作芯片。

任务 8-3　简易秒表

知识重点	1. LED 数码管的结构 2. LED 数码管字型编码 3. LED 数码管静态显示
知识难点	1. LED 数码管的工作原理 2. 单片机循环程序的编写
建议学时	20 学时
教学方式	从具体任务入手，通过简易秒表系统设计与仿真，先利用 Keil C51 软件进行软件编程，再通过 Proteus 绘制硬件电路图，然后进行软硬件联合调试，完善程序和电路图。最后进行元器件实物的选取与检测、系统的硬件焊接与制作、软件程序的烧录、软硬件联合调试和产品的制作
学习方法	讨论法、动手实操法、演示法

简易秒表是单片机典型的控制产品，应用非常广泛。

1. 任务分析

用单片机实现两位数简易秒表控制，计时范围为 0～59 s，并将计时时间在两位数码管上显示出来，并利用 3 个独立按键实现秒表的启动、停止和复位功能。

2. 电路设计

电路中用 P1 口控制两位数码管的 8 个段选控制端，用 P2.0、P2.1 分别作为两个 LED 数码管的位选控制端，LED 采用共阳极数码管。3 个按键采用独立式键盘接法，分别连接到引脚 P3.2、P3.3 和 P3.5。单片机控制两位数码管实现秒表硬件电路图如图 8-7 所示。

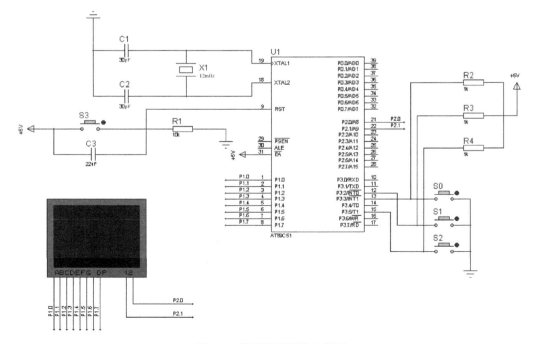

图 8-7　简易秒表硬件电路图

系统电路元器件清单如表 8-4 所示。

表 8-4　简易秒表元器件清单

序号	元器件名称	型号/参数	数量
1	单片机	AT89C51	1
2	IC 插座	DIP40	1
3	晶体振荡器	12 MHz	1
4	瓷片电容	30 pF	2
5	电解电容	22 μF	1
6	弹性按键	4 脚	4
7	电阻	10 kΩ	1
8	电阻	1 kΩ	3
9	两位数码管	红色	1
10	万用板	10 cm×10 cm	1

3. 软件程序设计

```
#include <reg51.h>
unsigned char msec,sec;            //定义 msec 为 50 ms 计数变量, sec 为秒变量
void delay(unsigned char i);       //延时函数
/*函数名;T0_INT, 函数功能;定时器 0 中断函数, 定时 50 ms 到, 自动执行该函数, 判断是否中
断 20 次*/
//形式参数;无
//返回值;无
void T0_INT(void) interrupt 1      //定时器 0 中断类型号为 1
{
    TH0=0x3c;                      //50 ms 定时初值
    TL0=0xb0;
    msec++;                        //中断次数加 1
    if(msec==20)                   //中断次数到 20 次了吗?
    {
        msec=0;                    //中断次数到 20 次, 1 s 计时到, 50 ms 计数单元清零
        sec++;                     //秒单元加 1
        if(sec==60)                //到 60 s 吗?
        {
            sec=0;                 //到 60 s, 秒单元清零
        }
    }
}
void main()                        //主函数
{
unsigned char led[]={0xc0,0xf9,0xa4,0xb0,0x99,0x92,0x82,0xf8,0x80,0x90};
//定义数字 0～9 字型显示码
    unsigned char temp;
```

```
    TMOD=0x01;                          //定时器 0 工作方式 1
    TH0=0x3c;                           //50 ms 定时初值
    TL0=0xb0;
    EA=1;                               //开总中断
    ET0=1;                              //开定时器 0 中断
    ET1=1;
    P3=0xff;                            //P3 口做输入
    while(1) {
        P2=0x01;                        //选中 P2.0 控制的数码管
        P1=led[sec%10];                 //显示秒个位
        delay(10);
        P2=0x02;                        //选中 P2.1 控制的数码管
        P1=led[sec/10];                 //显示秒十位
        delay(10);
        temp=~P3;                       //读入 P3 口引脚状态并取反
        temp=temp&0x2c;                 //屏蔽掉无关位，保留 3 位按键状态 00x0xx00
            if(temp==0x04)              //按下停止键
            TR0=0;                      //停止计数
        if(temp==0x08)                  //按下启动键
            TR0=1;                      //启动计数
        if(temp==0x20)                  //按下复位键
            { TR0=0;sec=0;msec=0; }
        }
            }
void  delay(unsigned char i)            //延时函数，无符号字符型变量 i 为形式参数
{
    unsigned char j,k;                  //定义无符号字符型变量 j 和 k
    for(k=0;k<i;k++)                    //双重 for 循环语句实现软件延时
        for(j=0;j<255;j++);
}
```

4. 仿真结果

将 Keil 软件编译生成的十六进制文件加载到芯片中。单击"运行"按钮，启动系统仿真，仿真结果如图 8-8 所示。观察到 LED 数码管显示为 00，按下启动按键 S0，LED 数码管从 00～59 循环显示；按下暂停按键 S1，LED 数码管显示数字暂停，按下启动按键 S0，LED 数码管继续循环显示数字，按下清零按键 S2，LED 数码管清零。

5. 任务小结

本任务通过用 51 单片机控制连接到 P1、P2 端口的两位 LED 数码管，使其实现秒的两位数显示，从 00～59。简易秒表的制作，让学习者熟悉单片机与 LED 数码管的接口技术，了解 LED 数码管的结构、工作原理、显示方式和控制方法。

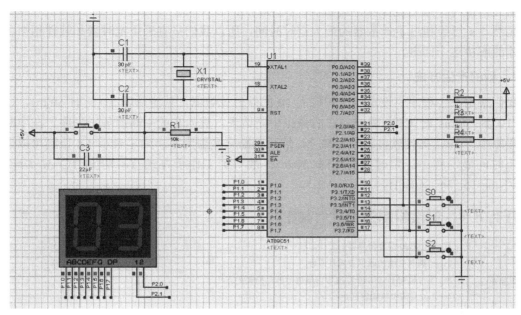

图8-8 简易秒表仿真结果

相关知识

8.5 秒的产生

这里是利用80C51内部定时器中断来确定1 s的时间，之后对1 s进行计数，得到总的时间。

1. 计数器初值及时间计算

定时器工作时必须给计数器送计数器初值，这个值是送到TH和TL中的。它是以加法计数的，并能在从全1到全0时自动产生溢出中断请求。因此，我们可以把计数器计满为零所需的计数值设定为C和计数初值设定为TC，可得到如下计算公式：

$$TC=M-C$$

式中，M为计数器模值，该值和计数器工作方式有关。在方式0时M为2^{13}；在方式1时M的值为2^{16}；在方式2和3时M为2^8，即初值=模值-计数值。计数过程所用时间用如下公式计算：

$$T=C×t=(M-TC)×t$$

t是单片机时钟周期TCLK的12倍；TC为定时初值，如单片机的主脉冲频率为12 MHz，经过12分频后，t=1 μs。T为初值设定并开启计数后总的定时时间，其最大值计算如下：

方式0 $T_{MAX}=2^{13}×1$ μs =8.192 ms

方式1 $T_{MAX}=2^{16}×1$ μs =65.536 ms

由此得最终计数初值计算公式如下：TC=$M-T/t$

显然 1 s 已经超过了计数器的最大定时时间，所以我们只有采用定时器和软件相结合的办法才能解决这个问题。

2. 秒的产生方法

我们采用在主程序中设定一个初值为 20 的软件计数器，使定时器 T0 定时 50 ms。这样每当 T0 到 50 ms 时 CPU 就响应它的溢出中断请求，进入它的中断服务子程序。在中断服务子程序中，CPU 先使软件计数器减 1，然后判断它是否为零。为零表示 1 s 已到可以返回到输出时间显示程序。定时器需定时 50 ms，故 T0 工作于方式 1。初值 TC=$M-T/t$=2^{16}-50 ms/1 μs=15 536=3CB0H。

任务 8-4　温度检测仪设计与制作

知识重点	1. DS18B20 温度传感器的工作原理 2. 一线制总线的通信方式及原理 3. 单片机对 DS18B20 温度传感器进行读写控制的方法 4. 4 位共阳极数码管应用 5. 1602 液晶显示器应用
知识难点	1. 对照 DS18B20 温度传感器的数据手册，理解对其进行写和读的软件编制方法 2. C 语言结构化程序设计方法
建议学时	24 学时
教学方式	从具体任务入手，通过温度监测仪系统设计与仿真、元器件的选取与检测、系统的硬件焊接与制作、软件程序的烧录、软硬件联合调试和产品的制作。掌握 DS18B20 温度传感器的应用、1602 液晶显示器的应用和 C51 结构化程序设计方法
学习方法	讨论法、动手实操法、演示法

温度的测量与控制是生产过程自动化的重要任务之一，温度控制系统在工业控制中应用广泛，如在石油化工、机械制造、食品加工等行业中应用十分普遍。这里我们设计制作一种造价低廉、使用方便且测量准确的温度检测仪，具体介绍两种方案。首先介绍方案一，该方案采用 51 单片机作为控制芯片，性能可靠，实现温度实时监测显示。

1. 方案一任务分析

采用单片机制作一个温度检测仪，采用数字式温度传感器 DS18B20 实时检测室内温度，并把检测的温度转化为单片机能够识别的信号，并通过数码管显示电路将测得的温度用 4 位共阳极数码管进行实时显示。

2. 方案一电路设计

单片机控制的温度检测仪硬件电路图如图 8-9 所示。DS18B20 温度传感器与 AT89C51 单片机之间的数据读写采用了一线制总线方式。AT89C51 单片机本身不包含一线制通信控制器的功能，为了与具有一线制总线通信功能的 DS18B20 进行数据交换，AT89C51 单片机必须利用自身的 1 根 I/O 线（这里是 P3.4 引脚），作为一线制的通信线，利用软件模拟产生一线制通信协议规定的传输数据信号，以完成与 DS18B20 之间的数据交换。

采用 4 位共阳极数码管进行温度显示，数据通过 P0 口送出，通过 P2.0～P2.3 作为数码管的位选择信号。表 8-5 为元器件清单。

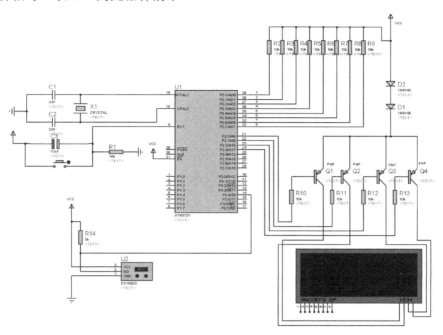

图 8-9 温度检测仪方案一硬件电路图

表 8-5 温度检测仪方案一元器件清单

序号	元器件名称	型号/参数	数量
1	单片机	AT89C51	1
2	IC 插座	DIP40	1
3	晶体振荡器	12 MHz	1
4	瓷片电容	30 pF	2
5	电解电容	10 μF	1
6	弹性按键	4 脚	1
7	电阻	5 kΩ	1
8	电阻	10 kΩ	13
9	二极管	1N4148	2
10	万用板	10 cm×10 cm	1
11	温度传感器	DS18B20	1
12	4 位共阳极数码管	红色	1
13	三极管	S8550	4

3. 方案一软件程序设计

该程序中主要包含两个函数，一个函数是温度的读取与处理函数，另一个函数是温度显示函数。温度的读取与处理函数中，如果使用一个传感器，并且只需要进行温度转换并读出温度值，可以按以下流程进行：

（1）复位；

（2）跳过 ROM 命令（0xCC）；

（3）温度转换命令（0x44）；

（4）复位；

（5）跳过 ROM 命令（0xCC）；

（6）读 RAM 命令（0xBE）；

（7）读取两个字节数据；

（8）将读到的温度编码转换成温度值。

温度显示函数负责将温度值按照十位、个位及小数位等用数码管进行显示。程序清单如下：

```
#include<reg51.h>                        //预处理命令，定义 51 单片机各寄存器的存储器映射
#define uchar unsigned char
#define unit unsigned int
sbit DQ=P3^4;                            //定义 DS18B20 总线 I/O
sbit wx1=P2^0;                           //定义 4 位共阳极数码管选择端口
sbit wx2=P2^1;
sbit wx3=P2^2;
sbit wx4=P2^3;
unit temp,temp1,temp2,xs;
uchar code table[]={0xc0,0xf9,0xa4,0xb0,0x99,0x92,0x82,0xf8,0x80,
0x90,0x88,0x83,0xc6};                    //共阳极数码管 0～9 字型码
void delay1(unsigned int m)              //延时函数
{
unit i,j;
for(i=m;i>0;i--)
for(j=110;j>0;j--);
}
void delay(unit m)                       //延时函数
{
while(m--);
}
void Init_DS18B20()                      //DS18B20 复位函数
{
uchar x=1;                               //存在标志置 1
while(x)
{
while(x)
{
DQ=1;                                    //一线制总线置高，准备写过程
delay(8);
DQ=0;                                    //一线制总线置低，满足复位延长时间条件
delay(80);
DQ=1;                                    //一线制总线置高，满足复位延长时间条件
```

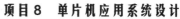

```
delay(4);
x=DQ;                                   //检测存在标志
}
delay(45);                              //延时约 500 μs，x 消失，此时 DQ 已经被上拉电阻置高
x=~DQ;                                  //x=0，退出循环
}
DQ=1;                                   //完成复位过程
}
uchar ReadOneChar()                     //读取一个字节
{
uchar i=0;
uchar dat=0;
for(i=8;i>0;i--)                        //循环一个字节位数
{
DQ=0;                                   //置低，给出读过程条件
dat>>=1;                                //暂存变量右移一位
DQ=1;                                   //置高，准备读取数据位
if(DQ)
dat|=0x80;                              //读取数据并存入暂存变量
delay(4);
}
return(dat);
}
void WriteOneChar(unsigned char dat)    //写一个字节
{
unsigned char i=0;
for(i=8;i>0;i--)                        //循环一个字节位数
{DQ=0;                                  //置低，给出写过程条件
DQ=dat&0x01;                            //移出低位并延时
delay(5);
DQ=1;
dat>>=1;
}
}
void ReadTemperature()                  //从 DS18B20 读出温度及处理函数
{
unsigned char a=0;
unsigned b=0;
unsigned t=0;
Init_DS18B20();                         //总线复位
WriteOneChar(0xCC);                     //发送 Skip ROM 命令
WriteOneChar(0x44);                     //发送温度转换命令
delay(5);
Init_DS18B20();
WriteOneChar(0xCC);
WriteOneChar(0xBE);                     //发送读温度命令
```

```
delay(5);
a=ReadOneChar();                    //温度低8位
b=ReadOneChar();                    //温度高8位
temp2=a&0x0f;                       //小数部分补码
temp=((b*256+a)>>4);                //整数部分
xs=temp2*0.0625;                    //小数部分
}
void wenduxianshi()                 //温度显示
{
wx1=0;
P0=table[temp/10];                  //十位数送显示
delay1(5);
wx1=1;                              //选择第一个数码管显示十位
wx2=0;
P0=table[temp%10]+0x80;             //个位数及小数点送显示
delay1(5);
wx2=1;
wx3=0;
P0=table[xs%10];                    //第一位小数送显示
delay1(5);
wx3=1;
wx4=0;
P0=table[12];                       //第二位小数送显示
delay1(5);
wx4=1;
}
void main()
{
while(1)
{
ReadTemperature();
wenduxianshi();
}
}
```

4. 方案一仿真结果

将 Keil 软件编译生成的十六进制文件加载到芯片中。单击"运行"按钮，启动系统仿真，仿真结果如图 8-10 所示。可通过 DS18B20 温度传感器的上下箭头增加或减小当前的温度值，检测到的温度能通过数码管实时显示。

5. 方案一任务小结

本任务中，51 单片机利用自身的 1 根 I/O 口线，作为一线制的通信信号线，与温度传感器 DS18B20 进行通信，实时测量温度值，并通过数码管显示出来。学生通过软件编程仿真，再通过实际硬件的选取、测量和焊接。最后进行软硬件联合仿真及调试。使学生初步具备单片机控制产品的开发能力。

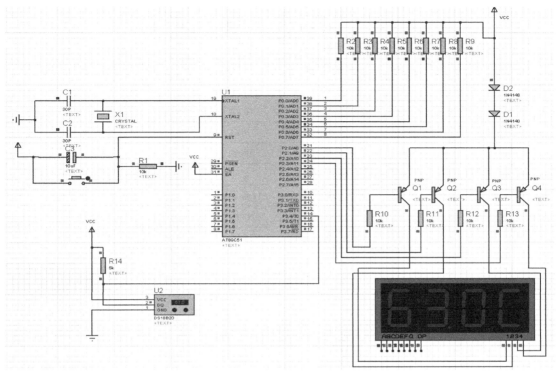

图 8-10　温度检测仪方案一仿真结果

6.　方案二任务分析

利用单片机制作一个温度检测报警装置，采用数字式温度传感器 DS18B20 实时检测室内温度，并把检测的温度转化为单片机能够识别的信号，并通过 LCD 液晶显示电路将测得的温度进行实时显示，设置报警温度的上限值为 60 ℃，下限值为 10 ℃，超过限定值时能够用声光两种方式报警。

7.　方案二电路设计

单片机控制的温度检测仪方案二硬件电路图如图 8-11 所示。DS18B20 温度传感器与 AT89C51 单片机之间的数据读写采用了一线制总线方式，这里采用 P3.7 作为与 DS18B20 一线制的通信线。P2 口与 LCD1602 的数据线相连，P3.0 与 LCD1602 的寄存器的选择端口 RS 相连，P3.1 与 LCD1602 的读写信号线 R/W 相连，P3.2 与 LCD1602 的使能端 E 相连。P1.0 和 P1.1 为光报警信号，P1.3 为声音报警信号。表 8-6 为元器件清单。

表 8-6　温度检测仪方案二元器件清单

序　　号	元器件名称	型号/参数	数　　量
1	单片机	AT89C51	1
2	IC 插座	DIP40	1
3	晶体振荡器	12 MHz	1
4	瓷片电容	30 pF	2

续表

序　号	元器件名称	型号/参数	数　量
5	电解电容	10 μF	1
6	弹性按键	4 脚	1
7	电阻	4.7 kΩ	1
8	电阻	10 kΩ	1
9	电阻	10 Ω	1
10	电阻	100 Ω	1
11	发光二极管	黄色	2
12	万用板	10 cm×10 cm	1
13	温度传感器	DS18B20	1
14	液晶显示模块	LCD1602	1

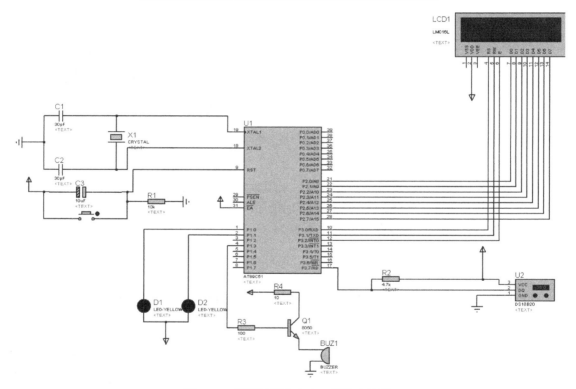

图 8-11　温度检测仪方案二硬件电路图

8.　方案二软件程序设计

在该方案中主要包括液晶显示模块初始化函数、DS18B20 的初始化函数和温度读取及转换函数，以及液晶显示函数。

液晶显示模块初始化函数中包括各种功能的设置，还包括 LCD1602 中不变字符的显示，即第一行的"the temperature"和第二行的"is C"。DS18B20 的初始化函数和温度读取及转换等函数，在上一个方案中已经叙述，这里不再赘述。液晶显示函数中首先要调用温度读取及转换函数，之后是上下限报警程序，最后要进行个位、十位、小数点及小数位的显示，程序清单如下：

```c
#include<reg51.h>
#define uchar unsigned char
#define uint unsigned int
uchar i;
sbit lcdrs=P3^0;                    //RS 控制位
sbit lcdrw=P3^1;                    //RW 控制位
sbit lcden=P3^2;                    //E 控制位
sbit d1=P1^0;                       //温度高于 60 ℃报警
sbit d2=P1^1;                       //温度低于 10 ℃报警
sbit d3=P1^3;                       //声音报警
sbit DQ=P3^7;                       //定义 ds18B20 总线 I/O
uchar code t0[]="the temperature";  //第一行显示字符
uchar code t1[]=" is            C"; //第二行显示字符
uchar code wendu[]="0123456789";    //利用一个温度表解决温度显示的乱码
void delay(uint z)                  //延时函数
{
    uint x,y;
    for(x=100;x>1;x--)
    for(y=z;y>1;y--);
}
void write_com(uchar com)           //液晶显示模块写指令函数
{
    lcdrs=0;
    P2=com;
    delay(5);
    lcden=1;
    delay(5);
    lcden=0;
}
void write_date(uchar date)         //液晶显示模块写数据函数
{
    lcdrs=1;
    P2=date;
    delay(5);
    lcden=1;
    delay(5);
    lcden=0;
}
void init_lcd()                     //液晶显示模块初始化函数
{
    lcden=0;
    lcdrw=0;
    write_com(0x38);                //功能设定
    write_com(0x01);                //清屏
```

```
    write_com(0x0c);                          //显示开关设定
    write_com(0x06);                          //输入模式设定
    write_com(0x80);                          //数据 RAM 地址设定
    for(i=0;i<16;i++)                         //显示第一行字符
    {
        write_date(t0[i]);
        delay(0);
    }
    write_com(0x80+0x40);
    for(i=0;i<16;i++)                         //显示第二行字符
    {
    write_date(t1[i]);
    delay(0);
    }
}
//温度采集模块
void tmpDelay(int num)                        //延时函数
{
    while(num--);
}
void Init_DS18B20()                           //初始化 DS18B20
{
    unsigned char x=0;
    DQ=1;                                     //DQ 复位
    tmpDelay(8);                              //稍作延时
    DQ=0;                                     //单片机将 DQ 拉低
    tmpDelay(80);                             //精确延时，大于 480 μs
    DQ=1;                                     //拉高总线
    tmpDelay(14);
    x=DQ;                    //稍作延时后，如果 x=0，则初始化成功；x=1，则初始化失败
    tmpDelay(20);
}
unsigned char ReadOneChar()                   //读一个字节
{
    unsigned char i=0;
    unsigned char dat=0;
    for(i=8;i>0;i--)
    {
        DQ=0;                                 //给脉冲信号
        dat>>=1;
        DQ=1;                                 //给脉冲信号
        if(DQ)
        dat|=0x80;
        tmpDelay(4);
    }
    return(dat);
```

```
}
void WriteOneChar(unsigned char dat)        //写一个字节
{
    unsigned char i=0;
    for(i=8;i>0;i--)
    {
        DQ=0;
        DQ=dat&0x01;
        tmpDelay(5);
        DQ=1;
        dat>>=1;
    }
}
unsigned int Readtemp()                     //温度读取及转换
{
    unsigned char a=0;
    unsigned char b=0;
    unsigned int t=0;
    float tt=0;
    Init_DS18B20();
    WriteOneChar(0xCC);                     //跳过读序列号的操作
    WriteOneChar(0x44);                     //启动温度转换
    Init_DS18B20();
    WriteOneChar(0xCC);                     //跳过读序列号的操作
    WriteOneChar(0xBE);                     //读取温度寄存器
    a=ReadOneChar();                        //连续两个字节数据，读低8位
    b=ReadOneChar();                        //读高8位
    t=b;
    t<<=8;
    t=t|a;                                  //两个字节合成一个整型变量
    tt=t*0.0625;                            //转换成实际温度值
    t=tt*10+0.5;
    return(t);
}
void display()                              //显示函数
{
    unsigned int num,num1;
    unsigned int shi,ge,xiaoshu;
    num=Readtemp();                         //温度读取及转换
    num1=num/10;
    if(num1>60)                             //高于60℃报警
    {
        d1=0;
        d2=1;
            d3=1;
        delay(500);
```

```
    }
    if(num1<10)                        //低于 10 ℃报警
    {
        d1=1;
        d2=0;
        d3=1;
        delay(500);

    }
    else
    {
        d1=1;
        d2=1;
        d3=0;
    }
    shi=num/100;                       //十位
    ge=num/10%10;                      //个位
    xiaoshu=num%10;                    //小数位
    write_com(0x80+0x40+5);            //十位显示地址
    write_date(wendu[shi]);
    write_com(0x80+0x40+6);            //个位显示地址
    write_date(wendu[ge]);
    write_com(0x80+0x40+7);            //小数点显示
    write_date(0x2E);
    write_com(0x80+0x40+8);            //小数位显示地址
    write_date(wendu[xiaoshu]);
}
void main()
{

    init_lcd();
    while(1)
    {
        display();
        delay(10);
    }
}
```

9. 方案二仿真结果

将 Keil 软件编译生成的十六进制文件加载到芯片中。单击"运行"按钮，启动系统仿真，仿真结果如图 8-12 所示。可通过 DS18B20 温度传感器的上下箭头增加或减小当前的温度值，检测到的温度能通过 LCD1602 实时显示，当温度低于 10 ℃或低于 60 ℃时均伴有声光报警。

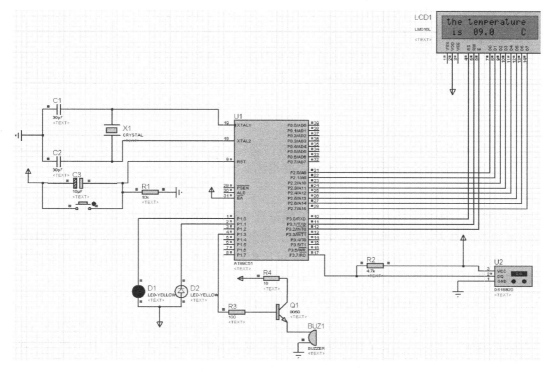

图 8-12 温度检测仪方案二仿真结果

10. 方案二任务小结

方案二通过用 51 单片机利用自身的 1 根 I/O 口线,作为一线制的通信信号线,与温度传感器 DS18B20 进行通信,实时测量温度值,并通过 LCD1602 实时显示,同时增加了声光报警电路。学生通过软件编程仿真,再通过实际硬件的选取、测量和焊接,最后进行软硬件联合仿真及调试。使学生初步具备单片机控制产品的开发能力。

相关知识

8.6 温度传感器 DS18B20 的认识及使用

1. 温度传感器 DS18B20 的介绍

DS18B20 是美国 DALLAS 半导体器件公司在其前代产品 DS18B20 基础上推出的单线数字化智能集成温度传感器,主要的优点是如下。

1)数字信号输出

DSl8B20 可将被测温度直接转换成计算机能识别的数字信号输出。传统温度传感器的温度值转换需要先经电桥电路获取电压模拟量,再经信号放大和 A/D 转换成数字信号,其缺点是在更换传感器时,会因放大器出现零点漂移而必须对电路进行重新调试,以克服这种参数的不一致性。而由于 DSl8B20 为数字式器件,不存在这类问题,因此使用起来非常方便。

2）精度高、传输方便

DS18B20 能提供 9～12 位温度读数，精度高且其信息传输只需 1 根信号线，与计算机接口的连接十分简便，读写及温度变换的功率全部来自于数据线，因此，不需额外的附加电源。

3）便于扩展

每一个 DS18B20 都含有一个唯一的序列号，这样的设计是为了允许多个 DS18B20 连接到同一总线上，因此，非常适合构建多点温度检测系统。

4）负压特性

DS18B20 的电源极性接反时，它虽然不能正常工作，但也不会因发热而烧毁。

正是由于具有以上特点和优点，DS18B20 在解决各种误差、可靠性和实现系统优化等方面与各种传统的温度传感器相比，有着无可比拟的优越性，因而广泛应用于过程控制、环境控制、建筑物和机器设备中的温度检测等领域。

2. 温度传感器 DS18B20 的引脚分配和内部功能

DS18B20 全部传感元件及转换电路集成在形如一只三极管的集成电路内，如图 8-13 所示。直插式封装三引脚分别为 1 脚是地线、2 脚是数据线和 3 脚为电源线，其外围电路非常简单。每一个 DS18B20 有唯一的系列号，多个 DS18B20 可以存在于同一条单线总线上。

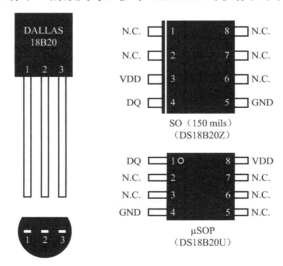

图 8-13 DS18B20 的封装及引脚图

温度传感器 DS18B20 测温范围为-55 ℃～+125 ℃，增量值为 0.5 ℃（9 位温度读数），其内部功能结构如图 8-14 所示。它主要由 4 个数据部件组成，即 64 位 ROM 温度传感器、非易失性的温度告警触发器 TH 和 TL 及中间结果暂存器。

64 位 ROM 用于存储序列号，其首字节固定为 28H，表示产品类型码，接下来的 6 个字节是每个器件的编码，最后 1 个字节是 CRC 校验码。

温度报警触发器 TH 和 TL 存储用户通过软件写入的报警上下限值。中间结果暂存器由

9 个字节组成，其中有 2 个字节 RAM 单元用来存放温度值，前 1 个字节为温度值的补码低 8 位，后 1 个字节为符号位和温度值的补码高 3 位。

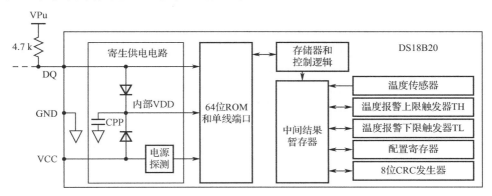

图 8-14　DS18B20 内部功能结构图

DS18B20 通过使用在板（on-board）温度测量专利技术来测量温度，温度测量电路的方框图如图 8-15 所示，它是通过计数时钟周期来实现的。低温度系数振荡器输出的时钟信号通过由高温度系数振荡器产生的门周期而被计数，计数器被预置在与-55 ℃相对应的一个基权值，如果计数器在高温度系数振荡周期结束前计数到零，表示测量的温度值高于-55 ℃，被预置于-55 ℃的温度寄存器的值就增加 1 ℃，然后重复这个过程，直到高温度系数振荡周期结束为止。这时温度寄存器中的值就是被测温度值，这个值以 16 位形式存放在中间结果暂存器中，此温度值可由主器件通过发送存储器读命令而读出，读取时低位在前，高位在后。斜率累加器用于补偿温度振荡器的抛物线特性。

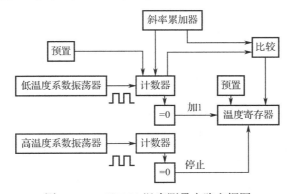

图 8-15　DS18B20 温度测量电路方框图

3. 温度传感器 DS18B20 内部存储器分配

DS18B20 的内部存储器分配如图 8-16 所示，它是由一个中间结果暂存器 RAM 和一个非易失性电可擦除 EEROM 组成，后者存放高、低温度触发器 TH 和 TL 及程序设置字节。暂存存储器有助于在单线通信时确保数据的完整性，数据首先写入暂存存储器，在那里它可以被读回，当数据被校验之后，复制暂存存储器的命令把数据传送到非易失性电可擦除 EEROM（掉电后依然保存）。

暂存存储器是按 8 位字节存储器来组织的，头两个字节包含测得的温度信息，第 3、

4、5 个字节是 TH、TL 以及程序设置字节的易失性复制，在每一次上电复位时被刷新；接着的 3 个字节没有使用，但是在读回时它们呈现为逻辑全 1，第 8 个字节是冗余校验 CRC 字节，它是前面所有 8 个字节的 CRC 值。

字节0	2^3	2^2	2^1	2^0	2^{-1}	2^{-2}	2^{-3}	2^{-4}	温度值低位字节（LSB）	
1	S	S	S	S	S	2^6	2^5		温度值高位字节（MSB）	EEROM
2	S	2^6	2^5	2^4	2^3	2^2	2^1	2^0	TH/用户字节1（报警上限字节）	TH/用户字节1
3	S	2^6	2^5	2^4	2^3	2^2	2^1	2^0	TH/用户字节2（报警下限字节）	TH/用户字节2
4	TM	R1	R0	1	1	1	1	1	程序设置字节	程序设置字节
5	保留									非易失性电可擦除EEROM
6	保留									
7	保留								中间结果暂存器	
8	CRC								RAM	

图 8-16　DSl8B20 内部存储器分配示意图

如图 8-16 所示，头两个字节代表测得的温度读数，MSB 中的 S=1 时表示温度为负，S=0 时表示温度为正，其余低位以二进制补码的形式表示，最低位为 1 时表示 0.062 5 ℃。这里规定，TH 中的所有符号值必须大于 TL 中的所有符号值，DSl8B20 的输出数据与温度的对应关系由表 8-7 给出。

表 8-7　DS18B20 输出数据与温度的对应关系

温度/℃	温度数据输出（二进制）	温度数据输出（八进制）
+125	00000111 11010000	07D0H
+85	00000101 01010000	0550H
+25.062 5	00000001 10100010	0191H
+10.125	00000000 10100010	00A2H
+0.5	00000000 00001000	0008H
0	00000000 00000000	0000H
−0.5	11111111 11111000	FFF8H
−10.125	11111111 01011110	FF5EH
−25.062 5	11111110 01101111	FF6FH
−55	11111100 10010000	FC90H

程序设置寄存器主要用来设置分辨率位数的，各位的意义如下：

（1）TM 测试模式位。为 1 表示测试模式，为 0 表示工作模式，出厂时该位设为 0，且不可改变。

（2）R1、R0 与温度分辨率有关。00 表示 9 位，01 表示 10 位，10 表示 11 位，11 表示 12 位。分辨率越高，则转换时间越长，12 位分辨率的典型转换时间大约为 750 ms。

4. 温度传感器 DSl8B20 的寄生电源和硬件接法

图 8-14 所示 DS18B20 的内部功能结构图给出了寄生电源电路，当 I/O（DQ 引脚）或 VCC 引脚为高电平时，这个电路便"取"得电源，只要符合指定的充电时间和电压要求，I/O 将提供足够的功率。寄生电源具有两个优点：第一，可以利用 I/O 引脚进行远程温度检

测而无须本地电源；第二，在缺少正常电源条件下也可以读取 ROM 的值。

因为 DS18B20 的工作电流高达 1 mA，为了使 DS18B20 能准确地完成温度变换，当温度变换发生时，I/O 线上必须提供足够的功率。有两种方法确保 DS18B20 在其有效变换期内得到足够的电源电流。第一种方法是发生温度变换时，在 I/O 线上提供一路强的上拉电源，如使用一个 MOSFET 把 I/O 线直接拉到电源电压。当使用寄生电源方式时，VCC 引脚必须连接到地。

向 DS18B20 供电的另外一种方法是通过使用连接到 VCC 引脚的外部电源。这种方法的优点是，在 I/O 线上不要求附加强的上拉电源，总线上 DS18B20 便可以在温度变换期间保持自身供电，这就保证了在变换时间内其他数据能够在单线总线上正常传送。

此外，在单线总线上可以放置任何数目的 DS18B20，而且如果它们都使用外部电源，那么通过发出跳过 Skip ROM 命令和接着发出变换 Convert T 命令可以同时完成温度变换。此时要注意，只要外部电源处于工作状态，GND 引脚不可悬空。

5. 温度传感器 DS18B20 的程序编制方法

总线上每一个器件的使用都是从初始化开始的，初始化的时序是，单片机首先发出复位脉冲，在经过一定延时后，一个或多个单总线器件发出应答脉冲，如果单片机检测到单总线上有器件存在，就可以发出传送 ROM 命令。具体的传送 ROM 命令见表 8-8。

表 8-8　DS18B20 的 ROM 命令

指　令　功　能	代　　码	说　　　　明
读 ROM	33H	读产品编码、序列号和 CRC 校验码
匹配 ROM	55H	后继 64 位 ROM 序列对总线上的 DS18B20 寻址
搜索 ROM	F0H	对总线上的多个 DS18B20 进行 ROM 编码的搜索
跳过 ROM	CCH	在单点测温中，跳过对 ROM 编码的搜索
告警搜索	ECH	搜索有报警的 DS18B20 的测温点

只有当表 8-8 中任意一条 ROM 指令被成功执行后，才会执行单片机发出的访问被选中器件的存储和控制命令，这些命令被存放在 DS18B20 的 RAM 中，主要实现启动单总线温度传感器 DS18B20 温度转换等功能，具体的 RAM 命令格式见表 8-9。

表 8-9　DS18B20 的 RAM 命令

指　令　功　能	代　　码	说　　　　明
温度变换	44H	启动温度转换
读暂存器	BEH	读 9 个字节温度值和 CRC 值
写暂存器	4EH	写上下限值到暂存器
复制暂存器	48H	将暂存器上下限值复制到 EEPROM
读 EEPROM	B8H	将 EEPROM 的上下限值调入到暂存器中
读电源	B4H	检测供电方式

对于 DS18B20 的访问分为 3 个步骤，即初始化、序列号访问和内存访问。由于该任务只有一个 DS18B20，因此在初始化 DS18B20 后，将跳过对 ROM 编码搜索的指令，直接调用温度转换命令，并在主程序中实现七段 LED 数码管显示，显示内容为当前温度值。

1）DS18B20 的初始化方法

DS18B20 要求严格的协议来确保数据传送的完整性。协议由几种单线上的信号类别组成，即复位脉冲、存在脉冲、写 0、写 1、读 0 和读 1。所有这些信号除了存在脉冲之外，均由总线 AT89C51 产生。

图 8-17 给出了 DS18B20 的初始化复位脉冲时序图，当主器件开始与从器件 DS18B20 进行通信时，主器件必须先给出复位脉冲，经过给定时间，DS18B20 发出存在脉冲，表示已经准备好发送或者接收由主器件发送的 ROM 命令和存储器操作命令。

任务中 C 语言源程序中的 void Init_DS18B20 函数完成对 DS18B20 的初始化。

首先总线主器件发送最短为 480 μs 的低电平 Tx，即复位脉冲信号，源代码中的以下语句实现这一过程：

```
DQ=1;          //一线制总线置高，准备写过程
delay(8);
DQ=0;          //一线制总线置低，满足复位延长时间条件
delay(80);
```

接着总线主器件便释放此线并进入接收方式，由于图 8-10 中上拉电阻 R14 的作用，一线制总线被拉至高电平状态，在检测到 DQ（I/O）引脚上的上升沿之后，DS18B20 等待 15～60 μs，源代码中的如下语句实现，一线制总线置 1 大约 48 μs。

```
DQ=1;
delay(4);
```

此时，可以检测一线制总线上是否存在 DS18B20 给出的存在脉冲，可用检测 DQ 的引脚状态来实现。

```
x=DQ;          //检测存在标志 x=0，条件满足，DS18B20 存在，继续下一步
```

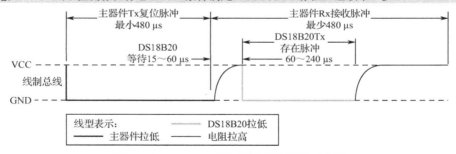

图 8-17　DS18B20 的初始化复位脉冲时序图

然后，再延时至少 500 μs，满足主器件接收脉冲的时间最少保证条件：

```
delay(45);          //延时约 500 μs，x 消失，此时 DQ 已被上拉电阻置高
```

2）写时间片

如图 8-18 所示，当主器件把数据线从高逻辑电平拉至低逻辑电平时，产生写时间片。有两种类型的写时间片，分别为写 1 时间片和写 0 时间片，所有时间片必须有最短为 60 μs 的持续期，在各写周期之间必须有最短为 1 μs 的恢复时间。

在 DQ 线由高电平变为低电平之后，DS18B20 在 15～60 μs 的时间之内对 DQ 线采样，如果 DQ 线为高电平，写 1 就发生；如果 DQ 线为低电平，便发生写 0。

源程序中的 void WriteOneChar 函数完成对 DS18B20 的写时间片功能，源程序代码如下：

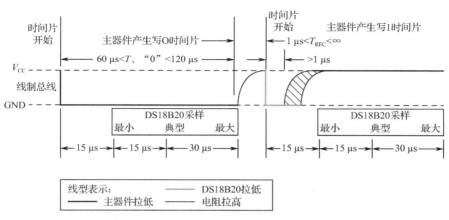

图 8-18 DS18B20 的写时间片脉冲时序图

```
DQ=0;                  //置低，给出写过程条件
DQ=dat&0x01;           //移出低位并延时
delay(5);
DQ=1;
dat>>=1;               //写字节右移一位
```

对于主器件产生写 1 时间片的情况，数据线 DQ 必须先被拉至逻辑低电平，然后被释放，使数据线在写时间片开始之后的 15 μs 之内由主器件拉至高电平；对于主器件产生写 0 时间片的情况，数据线必须被主器件拉至逻辑低电平，且至少保持低电平 60 μs。读者可以对照图 8-18 给出的写时间片脉冲时序图，理解上面给出的程序代码。

3）读时间片

DS18B20 的读时间片脉冲时序图如图 8-19 所示，当从 DS18B20 读数据时，主器件产生读时间片，当主器件把数据线 DQ 从逻辑高电平拉至低电平时，产生读时间片，数据线 DQ 必须保持在低逻辑电平至少 1 μs，来自 DS18B20 的输出数据在读时间片下降沿之后 15 μs 有效，因此为了读出，从读时间片开始算起 15 μs 的状态主器件必须停止把 DQ 引脚驱动至低电平。以下程序代码模拟了上述的过程：

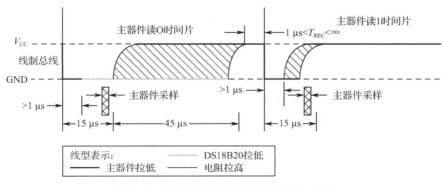

图 8-19 DS18B20 的读时间片脉冲时序图

```
DQ=0;                  //置低，给出读过程条件
dat>>=1;               //暂存变量右移一位
DQ=1;                  //置高，准备读取数据位
```

```
if(DQ)
dat|=0x80;        //读取数据并存入暂存变量
delay(4);
```

在读时间片结束时，DQ 引脚经过外部的上拉电阻拉回至高电平。

> 🔔**小提示**：所有读时间片的最短持续时间为 60 μs，各个读时间片之间必须有最短 1 μs 的恢复时间。

8.7　1602 字符型液晶显示器认识及使用

1. 1602 字符型液晶显示器引脚及功能介绍

前面的项目中一直用七段 LED 数码管和 8 个 LED 发光二极管作为显示器件，这里将引入 1602 字符型液晶显示器，以完善后续项目的显示形式。

单片机系统的输出显示器件主要有发光二极管、七段 LED 数码管和液晶显示器。液晶显示器在计算器、万用表、电子表及家用电子产品中应用很广，显示的主要是数字、专用符号和图形。液晶显示器有以下几个优点：显示质量高、数字式接口、体积小、重量轻、功耗低。

液晶显示的原理。是利用液晶的物理特性，通过电压对其显示区域进行控制，使其根据输入信号显示相应的内容。液晶显示器具有厚度薄、适用于大规模集成电路直接驱动、易于实现全彩色显示的特点，目前已经被广泛应用在便携式电脑、数字摄像机、PDA 和移动通信工具等众多领域。

液晶显示器的分类方法有很多种，通常可按其显示方式分为段式、字符式和点阵式等。1602 字符型液晶显示模块是一种专门用于显示字母、数字、符号等的点阵式 LCD，分为上下 2 行，每行显示 16 个字符，通常被称为 1602 字符型液晶显示器。图 8-20 是 LCD1602 的液晶显示器实物图。

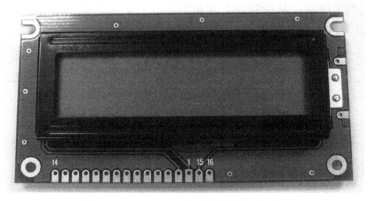

图 8-20　LCD1602 液晶显示器实物图

LCD1602 采用标准的 14Pin（无背光）或 16 Pin（带背光）接口，这里选用了 16 Pin（带背光）接口。各引脚说明如表 8-10 所示。

表 8-10　LCD1602 液晶显示器引脚说明

编号	符号	引脚说明	编号	符号	引脚说明
1	GND	电源地	9	DB_2	数据
2	V_{CC}	电源正极	10	DB_3	数据
3	V_O	液晶显示偏压	11	DB_4	数据
4	RS	数据/命令选择	12	DB_5	数据
5	R/W	读/写选择	13	DB_6	数据
6	E	使能信号	14	DB_7	数据
7	DB_0	数据	15	A	背光源正极
8	DB_1	数据	16	K	背光源负极

表 8-10 中的引脚解释说明如下。

（1）Pin1：GND 为电源地。

（2）Pin2：Vcc 接+5 V。

（3）Pin3：Vo 为液晶显示器对比度调整端，接正电源时对比度最弱，接地时对比度最高，对比度过高时会产生"鬼影"，使用时可以通过一个 1 kΩ的电位器设定对比度。

（4）Pin4：RS 为寄存器选择端，高电平时选择数据寄存器、低电平时选择指令寄存器。

（5）Pin5：R/W 为读/写信号线，高电平时进行读操作，低电平时进行写操作。当 RS 和 R/W 共同为低电平时可以写入指令或者显示地址，当 RS 为低电平、R/W 为高电平时可以读取信号，当 RS 为高电平、R/W 为低电平时可以写入数据。

（6）Pin6：E 为使能端，当 E 端由高电平跳变成低电平时，液晶显示器执行命令。

（7）Pin7～Pin14：DB0～DB7 为 8 位双向数据线。

（8）Pin15：A 为背光源正极。

（9）Pin16：K 为背光源负极。

2. LCD 1602 字符型液晶显示器基本指令及操作时序

LCD 1602 液晶显示器内部共有 11 条控制指令，如表 8-11 所示。

表 8-11　LCD1602 液晶显示器引脚接口说明

序号	指令	RS	R/W	DB_7	DB_6	DB_5	DB_4	DB_3	DB_2	DB_1	DB_0
1	清显示	0	0	0	0	0	0	0	0	0	1
2	光标返回	0	0	0	0	0	0	0	0	1	—
3	置输入模式	0	0	0	0	0	0	0	1	1/D	S
4	光标或字符移位	0	0	0	0	0	0	1	D	C	B
5	光标或字符移位	0	0	0	0	0	1	S/C	R/L	—	—
6	功能设置	0	0	0	0	1	D	L	N	F	—
7	设置字符发生存储器地址	0	0	0	1	字符发生存储器地址					

续表

序号	指令	RS	R/W	DB₇	DB₆	DB₅	DB₄	DB₃	DB₂	DB₁	DB₀
8	设置数据存储器地址	0	0	1	显示数据存储器地址						
9	读取信号和光标地址	0	1	BF	计数器地址						
10	写数据到 CGRAM 或 DDRAM	1	0	要写的数据内容							
11	从 CGRAM 或 DDRAM 读数据	1	1	读出的数据内容							

LCD 1602 液晶显示器的读写操作、屏幕和光标的操作都是通过指令编程来实现的。

指令 1：清显示。指令码 0x01，光标复位到地址 0x00 位置。

指令 2：光标返回。光标返回到地址 0x00。

指令 3：置输入模式。I/D 为光标移动方向，高电平右移，低电平左移；S 为屏幕上所有文字是否左移或者右移标志，高电平表示有效，低电平则无效。

指令 4：显示开/关控制。D 为控制整体显示的开与关设置，高电平表示开显示，低电平表示关显示；C 为控制光标的开与关设置，高电平表示有光标，低电平表示无光标；B 为控制光标是否闪烁设置，高电平闪烁，低电平不闪烁。

指令 5：光标或字符移位。S/C 为高电平时移动显示的文字，低电平时移动光标。

指令 6：功能设置指令。DL 取高电平时为 4 位总线，低电平时为 8 位总线；N 取低电平时为单行显示，高电平时为双行显示；F 为低电平时显示 5×7 的点阵字符，高电平时显示 5×10 的点阵字符。

指令 7：设置字符发生存储器地址。

指令 8：设置数据存储器地址。

指令 9：读忙信号和光标地址。BF 为忙标志位，高电平表示忙，此时显示器不能接收指令或者数据，如果为低电平表示不忙。

指令 10：写数据。

指令 11：读数据。

LCD 1602 的读写操作时序分别如图 8-21 和图 8-22 所示，根据这两个图归纳出的基本操作时序表，如表 8-12 所示。

表 8-12　LCD 1602 基本操作时序表

读状态	输入	RS=L，R/W=H，E=H	输出	(D₀~D₇)=状态字
写指令	输入	RS=L，R/W=L，(D₀~D₇)=指令码，E=高脉冲	输出	无
读数据	输入	RS=H，R/W=H，E=H	输出	(D₀~D₇)=数据
写数据	输入	RS=H，R/W=L，(D₀~D₇)=数据，E=高脉冲	输出	无

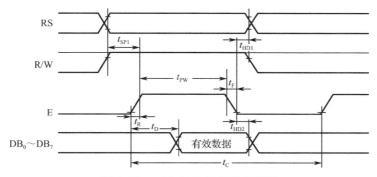

图 8-21 LCD 1602 的读操作时序

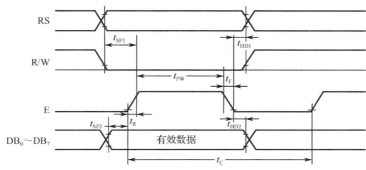

图 8-22 LCD 1602 的写操作时序

根据读操作时序编写函数如下：

```
unsigned read_lcd()            //液晶显示模块读状态字函数
{ uchar com;
RW=1;                          //RS=0，RS=0，读LCD状态
delay(5);
RS=0;
delay(5);
delay(5);
E=1;                           //E=1
delay(5);
com=P2;
delay(5);
E=0;                           //E=0
delay(5);
RW=0;
delay(5);
}
```

根据写操作时序编写函数如下：

```
void write_com(uchar com)      //液晶显示模块写指令函数
{
    RS=0;                      //RS=0，写指令
    P2=com;
    delay(5);
    E=1;
```

```
        delay(5);
        E=0;                            //E=0
    }
    void write_date(uchar date)         //液晶显示模块写数据函数
    {
        RS=1;                           //RS=1，写数据
        P2=date;
        delay(5);
        E=1;                            //E=1
        delay(5);
        E=0;
    }
```

3. LCD 1602 字符型液晶显示器的显存及字库

液晶显示器是一个慢显示器件，所以在执行每条指令之前一定要确认显示器的忙标志（调用指令 9 检测 BF 位）是否为低电平，为低表示不忙，否则显示器处于忙状态，外部给定指令失效。显示字符时，要先输入显示字符地址，也就是告诉显示器在哪里显示字符，图 8-23 是 LCD 1602 的内部显示地址。

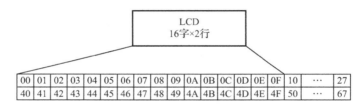

图 8-23　LCD1602 的内部显示地址

例如，第二行第一个字符的地址是 0x40，能否对 1602 液晶显示器直接写入 0x40 就可以将光标定位在第二行第一个字符的位置呢？答案是不行的，因为写入显示地址时要求最高位 D7 恒定为高电平 1（见表 8-11 中的指令 8 说明），所以实际写入的数据应该是 01000000B(0x40)+10000000B(0x80)=11000000B(0xC0)。

在对液晶显示器的初始化中要先设置其显示模式，在液晶显示器显示字符时光标是自动右移的，无须人工干预。每次输入指令前都要判断液晶显示器是否处于忙的状态。

LCD 1602 液晶显示器内部的字符发生存储器（CGROM）已经存储了 160 个不同的点阵字符图形，如表 8-13 所示。这些字符有阿拉伯数字、英文字母的大小写、常用的符号和日文假名等，每一个字符都有一个固定的代码，比如大写英文字母"A"的代码是 01000001B(0x41)，显示时模块把地址 0x41 中的点阵字符图形显示出来，就能看到字母"A"。

表 8-13　LCD1602 的 CGROM 字符代码与图形对应图

低4位 ＼ 高4位	MSB 0000	0010	0011	0100	0101	0110	0111	1010	1011	1100	1101	1110	1111
LSB ×××0000	CGRAM (1)		0	@	p	`	p		―	タ	ミ	α	p
×××0001	(2)	!	1	A	Q	a	q	、	ｱ	チ	ム	ä	q

续表

低4位 ＼ 高4位	MSB 0000	0010	0011	0100	0101	0110	0111	1010	1011	1100	1101	1110	1111
××××0010	(3)	"	2	B	R	b	r	「	ィ	ッ	メ	β	θ
××××0011	(4)	#	3	C	S	c	s	」	ゥ	テ	モ	ε	∞
××××0100	(5)	$	4	D	T	d	t	、	エ	ト	ャ	μ	Ω
××××0101	(6)	%	5	E	U	e	u	。	オ	ナ	ュ	σ	Ⅲ
××××0110	(7)	&	6	F	V	f	v	ウ	カ	二	ル	ρ	Σ
××××0111	(8)	•	7	G	W	g	w	ァ	キ	ス	チ	g	π
××××1000	(1)	(	8	H	X	h	x	イ	ク	ネ	リ	√	x̄
××××1001	(2)	)	9	I	Y	i	y	ゥ	ケ	ハ	ル	••	y
××××1010	(3)	*	:	J	Z	j	z	エ	コ	ハ	レ	j	千
××××1011	(4)	+	;	K	[	k	{			ヒ	ロ	`	万
××××1100	(5)	,	<	L	¥	l				シ	フ	ワ	Φ	Ħ
××××1101	(6)	-	=	M	]	m	}	エ	ス	ヘ	ン	キ	÷
××××1110	(7)		>	N	^	n	→	ヨ	セ		″	n̄	
××××1111	(8)	/	?	O	_	o	←	シ	ソ	マ	。	Ö	■

任务 8-5 直流电动机控制器的设计与制作

知识重点	1．C 语言中断程序的编写 2．H 桥直流电动机驱动方式及原理 3．定时器调节驱动电动机的 PWM 波占空比的方法 4．外部中断 0 的应用 5．LCD 1602 液晶显示器应用
知识难点	1．H 桥直流电动机驱动电路工作原理及 PWM 波占空比的调节方法 2．C 语言结构化程序设计方法
建议学时	24 学时
教学方式	首先分析任务，然后进行硬件电路设计，再进行软件源程序分析编写，经编译调试后生成 HEX 文件，将 HEX 文件加载到仿真电路中，对直流电动机控制器仿真演示，最后进行元器件的选取、焊接、调试，完成产品制作。使学生掌握中断及定时器的应用，熟练使用 LCD 1602 液晶显示器，用 H 桥电路控制直流电动机的方向及转速
学习方法	讨论法、动手实操法、演示法

电动机是最常见的被控对象之一，怎样运用单片机控制调节电动机转向与速度一直是人们研究的一个焦点。这里简单搭接一个控制直流电动机的电路。

1．任务分析

直流电动机控制器任务要求：用 AT89C51 单片机作为控制器，设计 3 个按键控制直流电动机转动，FuncKey 控制电动机转动方向，IncKey 为直流电动机加速键，DecKey 为直流电动机减速键，用外部中断 0 检测是否有键按下。加速和减速通过定时器调节驱动电动机

的 PWM 波占空比来实现，占空比十级可调，从 0～100%。用 LCD 1602 显示出工作状态：第一行显示直流电动机转向，顺时针转动时显示"MotoStatus：CWD"，逆时针转动时显示"MotoStatus：CCWD"；第二行显示 PWM 波占空比"H/L：x%"。

2. 电路设计

单片机控制的直流电动机控制器硬件电路图如图 8-24 所示。采用分立元件搭建 H 桥驱动电路，H 桥电动机驱动电路主要包括 4 个三极管和一个电机，单片机的 P2.6 和 P2.7 输出两路 PWM 驱动信号，3 个按键分别控制转动方向和速度，LCD1602 显示系统状态。表 8-14 为直流电动机控制器元器件清单。

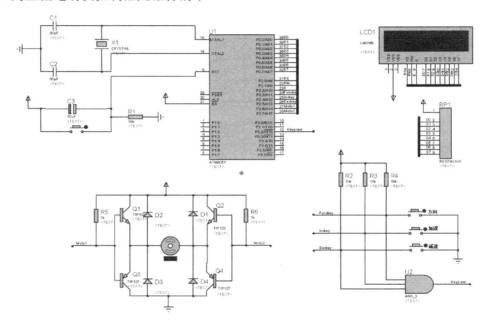

图 8-24　直流电动机控制器硬件电路图

表 8-14　直流电动机控制器元器件清单

序　　号	元器件名称	型号/参数	数　　量
1	单片机	AT89C51	1
2	IC 插座	DIP40	1
3	晶体振荡器	12 MHz	1
4	瓷片电容	30 pF	2
5	电解电容	10 μF	1
6	按键	4 脚	4
7	电阻	1 kΩ	2
8	电阻	10 kΩ	4
9	排阻	1 kΩ	1
10	三极管	TIP127	4

续表

序　号	元器件名称	型号/参数	数　量
11	电机	轴径2 mm，5 V供电	1
12	万能板	10 cm×10 cm	1
13	与门	74LS08	1
14	液晶显示模块	LCD1602	1

3. 软件程序设计

直流电动机控制器软件设计分3个部分：按键控制电动机、占空比调节和LCD 1602显示控制。

按键控制电动机通过单片机外部中断O检测按键按下状态，当有键按下后触发中断执行按键检测程序。当FuncKey按下，直流电动机转动方向标志取反，实现直流电动机正反转；当加速键IncKey按下，增加PWM波占空比，电动机加速；当减速键DecKey按下，减小PWM波占空比，电动机减速。

占空比调节通过定时器定时方式实现。设定PWM波周期为100个250 μs，用定时器T0方式2定时250 μs，无符号字符型变量HPulseNum和LPulseNum（LPulseNum=100-HPulseNum）对PWM波高电平、低电平状态计数。位变量PulseStatus标志PWM电平状态。PulseStatus为0时，表示当前为PWM波的高电平段；否则表示当前为PWM波的低电平段。每250 μs时间到，首先判断当前PWM波电平状态，再进一步判断当前电平计数状态，然后依照PWM波占空比决定是否应该对PWM波电平状态取反。要特别说明的是，此处PWM波高电平状态指的是电动机被驱动转动的状态，而PWM波低电平状态指的是电动机停止状态。

LCD 1602显示控制要完成LCD 1602初始化、写LCD 1602以及正常工作后随时显示系统工作状态等工作。系统程序清单如下：

```c
#include<reg51.h>
//引脚定义
sbit RS=P2^0;                          //1602LCD RS
sbit RW=P2^1;                          //1602LCD RW
sbit E=P2^2;                           //1602LCD E
sbit FuncKey=P2^3;                     //直流电动机转向控制键
sbit IncKey=P2^4;                      //增速键
sbit DecKey=P2^5;                      //减速键
sbit Motol=P2^6;                       //直流电动机控制端
sbit Moto2=P2^7;                       //直流电动机控制端
#define uchar unsigned char            //宏定义
#define uint unsigned int
#define LcdData P0
#define CWD Motol=1; Moto2=0
#define CCWD Motol=0; Moto2=1
#define Stop Motol=1; Moto2=1
//全局变量定义
uchar H PulseNum;                      //高电平数（PWM波高电平持续长度）
```

```
uchar LPulseNum;                        //低电平数（PWM 波低电平持续长度）
uchar Numchange;
//直流电动机转向状态：0 为 CWD（顺时针方向）；1 为 CCWD（逆时针方向）
bit MotoStatus;
bit PulseStatus;                        //PWM 波状态：0 为高电平；1 为低电平
//函数申明
void Delayms(uint xms);                 //ms 级延时函数
void WriteLcd(uchar Dat, bit x);        //写 LCD1602 指令、数据函数
void InitLCD(void);                     //初始化 LCD1602 函数
void StatusLCD(void);                   //LCD1602 显示状态函数
void InitInt0T0(void);                  //初始化定时器 T0 函数
void KeyScan(void);                     //按键检测函数
uchar FirstLine[15]={"MotoStatus: CWD"};    //用于 LCD1602 第一行显示数组
uchar SecondLine[8]={"H/L:   0%"};           //用于 LCD1602 第二行显示数组
//ms 级延时函数 Delayms(uint xms)
//写 LCD1602 指令、数据函数 WriteI。cd(uchar Dat，bit x)
//初始化 LCD1602 函数
void StatusLCD(void)                    //LCD1602 显示状态函数
{
    if(!MotoStatus)
    {                                   //顺时针时显示 CWD
    FirstLine[11]='';
    FirstLine[12]='C';
    FirstLine[13]='W';
    FirstLine[14]='D';
    }
    else                                //逆时针时显示 CCWD
    {
    FirstLine[-1 1]-'C';
    FirstLine[1 2]-'C';
    FirstLine[-1 3-]-'W';
    FirstLine[-1 4-]-'D';
    }
    if(NumChange<100)
    SecondLine[4]=' ';                  //占空比小于 100%时，不显示百位
  else
//取占空比百位并转换成 ASCII 码
    SecondLine[4]=NumChange/100+0x30;
if(NumChange<10)
    SecondLine[5]='' ;                  //占空比小于 10%时，不显示十位
else
//取占空比十位并转换成 ASCII 码
SecondLine[5]=NumChange%100/10+0x30;
//取占空比个位并转换成 ASCII 码
    SecondLine[6]=NumChange%10+0x30;
}
```

```c
void InitInt0T0(void)                          //初始化外部中断 INT0 和定时器 T0
{
    EA=1;
    EX0=1;
    ET0=1;
    PX0=1;
    PT0=0;
    IT0=1;
    TMOD=0x02;                                 //T0 工作于定时、方式 2
    TH0=6;                                     //250 μs 定时
    TL0=6;
    TR0=1;                                     //启动定时器
}
void KeyScan(void)                             //按键检测函数
{
  if(!FuncKey)                                 //检测方向控制键是否按下
  {
    Delayms(10);                               //延时去抖
    if(!FuncKey)
    {
    while(!FuncKey);                           //等待按键释放
    MotoStatus=_MotoStatus;                    //直流电动机转动方向改变
    }
}
if(!IncKey)                                    //检测加速键是否按下
{
  Delayms(10);
  if(!IncKey)                                  //延时去抖
  {
while(!IncKey);                                //等待按键释放
//占空比加大 10，周期为 100，所以加 10 相当于加 10%
NumChange+=10;
if(NumChange>=100) NumChange=100;             //控制上限
}
}
if(!DecKey)                                    //检测减速键是否按下
{
  Delayms(10);
  if(!DecKey)                                  //延时去抖
  {
while(!DecKey);                               //等待按键释放
  //占空比减小 10，周期为 100，所以减 10 相当于减 10%
  NumChange-=10;
  if((NumChange<10)/(NumChange>100))NumChange=0;   //控制下限
}
}
```

```
}
//INT0 中断服务程序
void Int0Serv() interrupt 0
 { KeyScan();
}
void T0Serv() interrupt 1                        //T0 定时器中断服务函数
{
    if(!PulseStatus)                             //如果当前处于 PWM 波高电平段
    {
    if(HPulseNum--1!=0)                          //如果高电平段延时计数不为 0
    {
        if(!MotoStatus)                          //如果 MotoStatus=0（顺时针）
    {
      CWD;                                       //顺时针驱动直流电动机
    }
     else                                        //MotoStatus=1（逆时针）
   {
      CCWD;                                      //逆时针驱动直流电动机
     }
     }
      else                                       //高电平段延时计数为 0
      {
PulseStatus=!PulseStatus;                        //取反 PWM 波电平状态
LPulseNum=100-NumChange;                         //装载低电平段延时计数，为低电平段延时做准备
}
}
else                                             //当前处于 PWM 波低电平段
if(LPulseNum--1!=0)                              //如果低电平段延时计数不为 0
{
    Stop;                                        //停止驱动直流电动机
}
//低电平段延时计数为 0
 else
 {
PulseStatus=!PulseStatus;                        //取反 PWM 波电平状态
HPulseNum=NumChange;                             //装载高电平段延时计数，为高电平段延时做准备
   }
  }
}
void main()
{
    uchar y;
InitLcd();                                       //初始化 LCD1602
InitInt0T0();                                    //初始化外部中断 INT0 和定时器 T0
//装载 PWM 波高电平段延时计数，为高电平段延时做准备
HPulseNum=NumChange;
```

```
while(1)
{
StatusLCD();                        //根据当前工作状态改变 LCD1602 显示状态
//指定送入的字符显示于 LCD1602 第一行第一个字符位置
WriteLcd(0x80, 0);
for(y=0; y<15; y++)                 //循环送入
WriteLcd(FirstLine[y], 1);          //向 LCD1602 送第一行显示内容数组
//指定送入的字符显示于 LCD1602 第二行第一个字符位置
WriteLcd(0xc0, 0);
for(y=0; y<8; y++)                  //循环送入
writeLcd(SecondLine[y], 1);         //向 LCD1602 送第二行显示内容数组
}
}
```

4. 仿真结果

在程序的调试过程中，排除输入和编辑过程中出现的错误，将 Keil 的输出设置为生成 HEX 文件，源程序通过编译后，将 HEX 文件加载到 Proteus 仿真电路的单片机中。在仿真环境中单击"运行"按钮，进入仿真运行状态，通过按键调节电动机工作状态，可进行占空比调节，即转速的调节，进行方向的调节，包括顺时针转动和逆时针转动。仿真运行效果如图 8-25 所示。

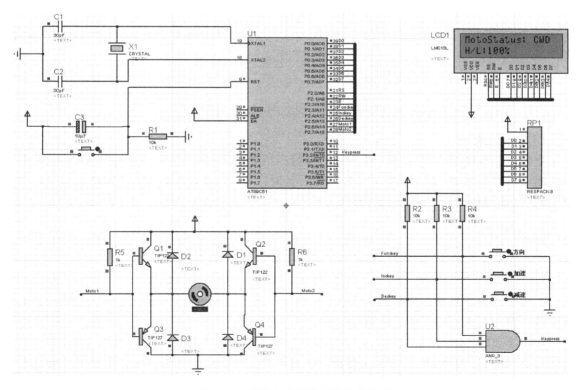

图 8-25 直流电动机控制器仿真结果

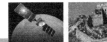

5. 任务小结

单片机控制的直流电动机控制器采用分立元件搭建 H 桥驱动电路，占空比调节通过定时器定时方式实现，通过单片机的 P2.6 和 P2.7 输出两路 PWM 驱动信号，按键控制电动机通过单片机外部中断 0 检测按键按下状态，当有键按下后触发中断执行按键检测程序，3 个按键分别控制转动方向和速度。学生综合运用上述的相关知识，进行硬件设计、软件程序编写及调试和产品的制作和调试，使学生初步具备单片机控制产品的开发能力。

相关知识

8.8 电动机的 PWM 驱动

1. 脉冲宽度调制

脉冲宽度调制（PWM，Pulse Width Modulation），简称脉宽调制。它是按一定规律改变脉冲序列的脉冲宽度，以调节输出量和波形的一种调制方式。在控制系统中最常用的是矩形波 PWM 信号，在控制时需要调节 PWM 波的占空比。占空比是正脉冲的持续时间与脉冲总周期的比值，如图 8-26 所示。控制电动机的转速时，占空比越大，速度越快。如果占空比达到 100%，速度达到最快。

图 8-26　PWM 波信号占空比

当用单片机 I/O 口输出 PWM 波信号时，可采用如下两种方法。

1）软件延时法

首先设定 I/O 口为高电平，软件延时保持高电平状态一段时间，然后将 I/O 口状态取反，软件延时再保持一段时间，将 I/O 口取反延时，如此循环就可以得到 PWM 波信号。占空比调节通过控制高、低电平延时时间来实现。

2）定时器定时法

控制方法和软件延时法类似，只是利用单片机定时器实现高、低电平翻转。

2. H 桥直流电机驱动电路

H 桥驱动电路是非常典型的直流电动机驱动电路，如图 8-27 所示。正因为它的形状酷似字母 H 所以得名"H 桥驱动电路"。

如图 8-27 所示，H 桥式电机驱动电路主要包括 4 个三极管和 1 个电动机。要使电动机运转，必须导通对角线上的一对三极管。根据不同三极管对的导通情况，电流可能会从左至右或从右至左流过电动机，从而控制电动机的转向。当三极管 Q1 和 Q4 导通时，电流将从左至右流过电动机，从而驱动电动机顺时针转动；当三极管 Q2 和 Q3 导通时，电流将从右至左流过电动机，从而驱动电动机逆时针转动。

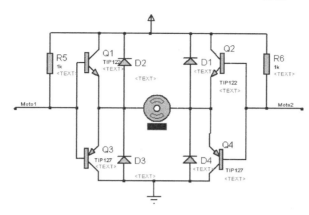

图 8-27 H 桥直流电动机驱动电路

需要特别注意的是，驱动电动机时，要保证 H 桥上两个同侧的三极管不能同时导通。如果三极管 Q1 和 Q2 同时导通，那么电流就会从正极穿过两个三极管直接回到负极。此时，电路中除了三极管外没有其他任何负载，因此电路上的电流会非常大，甚至烧坏三极管，所以在使用 H 桥驱动电路时一定要避免此情况的发生。

用分立元件制作 H 桥很麻烦，而且很容易搭错，可以选择封装好的 H 桥集成电路，例如常用的 L293D、L298N、TA7257P、SN75441O 等。接上电源、电机和控制信号就可以使用了。

项目小结

该项目共设计了 5 个任务，涵盖了 51 单片机内部各种资源的使用，也包括了常见外围器件的使用，学生可以从硬件电路图的绘制软件程序编写、仿真实现、元器件选取与检测、系统的硬件焊接与制作、软件程序的烧录到软硬件联合调试，经历单片机控制产品开发的全过程，是前面知识的综合运用及升华。

习题 8

1. 思考并回答下列问题

（1）单片机控制产品开发的基本要求有哪些？
（2）简述元器件焊接过程。
（3）简述 74HC154 的功能。
（4）在单片机程序设计中怎样产生秒信号？
（5）DS18B20 传感器有何功能？它的输出信号有什么特点？
（6）LCD 1602 液晶显示器有哪些特点？
（7）简述 H 桥直流电动机驱动电路的原理。

参考文献

[1] 王静霞. 单片机应用技术. 北京：电子工业出版社，2014.

[2] 王东锋，陈园园，郭向阳. 单片机 C 语言应用 100 例. 北京：电子工业出版社，2013.

[3] 刘甫，陈健美. 单片机原理及典型应用接口技术. 北京：中国水利水电出版社，2014.

[4] 王巧芝. 51 单片机开发应用从入门到精通. 北京：中国铁道出版社，2011.

[5] 上官同英. 单片机原理及应用技术. 北京：清华大学出版社，2011.

[6] 张志良. 单片机原理与控制技术（第 2 版）. 北京：机械工业出版社，2005.3.

[7] 黄锡泉. 单片机技术及应用（基于 Proteus 的汇编和 C 语言版）. 北京：机械工业出版社，2014.

[8] 王平. 单片机应用设计与制作[M]. 北京：清华大学出版社，2012.

[9] 王小建，胡长胜. 单片机设计与应用[M]. 北京：清华大学出版社，2011.

反侵权盗版声明

　　电子工业出版社依法对本作品享有专有出版权。任何未经权利人书面许可，复制、销售或通过信息网络传播本作品的行为；歪曲、篡改、剽窃本作品的行为，均违反《中华人民共和国著作权法》，其行为人应承担相应的民事责任和行政责任，构成犯罪的，将被依法追究刑事责任。

　　为了维护市场秩序，保护权利人的合法权益，我社将依法查处和打击侵权盗版的单位和个人。欢迎社会各界人士积极举报侵权盗版行为，本社将奖励举报有功人员，并保证举报人的信息不被泄露。

举报电话：（010）88254396；（010）88258888

传　　真：（010）88254397

E-mail：　dbqq@phei.com.cn

通信地址：北京市万寿路 173 信箱

　　　　　电子工业出版社总编办公室

邮　　编：100036